Microorganismos:

La clave para la agricultura sostenible

Luz Yanet Rivera Puentes
MSc. Microbiología

Luz Yanet Rivera Puentes

Nació en la ciudad de Bogotá, Colombia. Su fascinación por la ciencia la impulsó a estudiar Bacteriología y, posteriormente, a obtener una maestría en Microbiología en la Universidad Javeriana de Bogotá.

Durante su etapa de formación académica, tuvo la oportunidad de ser becaria de investigaciones en el Laboratorio de Química del Café y Productos Naturales (LIQC) de la Federación Nacional de Cafeteros en Bogotá. Esta experiencia enriquecedora le permitió adquirir conocimientos profundos sobre los procesos químicos y el cultivo del café.

Posteriormente, se trasladó al Eje Cafetero para trabajar con la Universidad del Quindío, sumergiéndose en la dinámica y en los desafíos propios de la región. Su compromiso con la investigación y su anhelo por encontrar soluciones sostenibles para la agricultura se hicieron evidentes en cada proyecto en el que participó.

El libro que tienes en tus manos es el fruto de su experiencia, conocimiento y pasión. A través de estas páginas, ella comparte sus descubrimientos, metodologías y consejos prácticos para fomentar una agricultura más sostenible y resiliente. Con su enfoque científico y su compromiso con el medio ambiente busca inspirar a otros a adoptar prácticas agrícolas responsables para obtener alimentos más sanos, mitigar el daño al medio ambiente y dejar una Tierra mejor a las futuras generaciones.

Dedicatoria

Dedicado a Dios, por ser mi guía y fuente de inspiración.

A mi querida hermana Ana, quien siempre me brindó su apoyo incondicional. Aunque ya no está en este mundo, su amor perdurará en mi corazón.

A mis amados hijos Juanita y Alejandro, quienes son mi mayor orgullo y esperanza, sigan mi legado y vivan de acuerdo a su propósito.

A mi amor, quien volvió a mi vida para llenarla de alegría, fortaleza e inspiración para terminar este proyecto.

Agradecimientos

Quiero expresar mi más profundo agradecimiento al Ing. Santiago Fernández V y a todos los agricultores que han confiado en mí a lo largo de mi carrera, permitiéndome acompañarlos en sus cultivos y aprender de su sabiduría en el campo. Su confianza y apoyo han sido fundamentales en el desarrollo de este libro.

Agradezco especialmente a Marco Salgado por su ayuda en el trabajo de campo, con su conocimiento y experiencia he enriquecido enormemente mis investigaciones y han sido clave en la obtención de resultados significativos.

Agradezco de manera especial a Juanita S. Rivera por su invaluable colaboración en la corrección de texto y edición. Quiero expresar mi gratitud a Andrea Muñoz por su trabajo de maquetación, paginación y a Wilman Ortiz por el diseño de portada y contra portada. Su destacado trabajo, creatividad y profesionalismo han capturado la esencia de este libro dando vida a cada página y convirtiéndolo en una obra visualmente impactante, atractiva y fácil de leer. Por último, quiero agradecer a cada una de las personas que, de una u otra manera, han contribuido a la realización de este libro, su apoyo, consejos y palabras de aliento han sido invaluables. Sin ustedes, este proyecto no habría sido posible.

Prólogo

Vivimos en un mundo acostumbrado a la autodestrucción, en medio de este escuchar, hablar o leer de regeneración y sostenibilidad es una luz que genera esperanza en el futuro. Por mucho tiempo hemos cultivado en contra de la naturaleza, pero hoy es tangible el daño que esto ha generado y cada día se hace más evidente que esto no puede continuar.

En 2015 las Naciones Unidas realizó el lanzamiento de los Objetivos de Desarrollo Sostenible (ODS), estos son 17 objetivos mundiales que abarcan temas sociales, económicos, tecnológicos, demográficos y políticos. Desde dicho momento se empezó a hablar de sostenibilidad a nivel mundial, como la ruta a seguir en el crecimiento y desarrollo de nosotros como habitantes de La Tierra. La sostenibilidad y supervivencia del planeta es responsabilidad de todos.

La agricultura es la base de la alimentación y sustento nutritivo de la humanidad, por ende, es indispensable que la transformación hacia la sostenibilidad en el campo es crucial para tener un desarrollo sostenible mundial, sin embargo, este cambio también debe garantizar la prevalencia de cultivos industriales y altas productividades.

Los conocimientos aquí plasmados, especialmente en la guía, son resultado de más de 35 años de trabajo e investigación de la autora, quien ha dedicado su vida a la búsqueda de soluciones viables y sostenibles para la agricultura contando con la naturaleza como una aliada, haciendo cambios que permiten una regeneración del suelo, el restablecimiento del equilibrio biológico y eliminando el uso de tóxicos o venenos, sin bajar productividad, generando cultivos sostenibles para el ambiente, los cultivadores y los consumidores. Les invito a leer con mente abierta y a poner a prueba en sus cultivos las claves aquí consignadas.

Juanita S. Rivera.
Microbióloga

ÍNDICE

Introducción

Gracias por tu interés en hacer la diferencia y trabajar por un futuro más sostenible. Estoy convencida de que personas como tú son esenciales para transformar la agricultura convencional en una sostenible, sana y abundante. Juntos podemos trabajar para hacer que nuestros procesos agrícolas sean más amigables con el medio ambiente y promover prácticas sostenibles que no sólo beneficien a los agricultores y productores, sino también a las futuras generaciones.

Este libro está diseñado para ser una guía completa y "fácil de entender" que aborda los principales desafíos a los que se enfrenta la agricultura convencional, y presenta soluciones sostenibles para superarlos.

La agricultura es una actividad muy importante para la humanidad, ya que nos proporciona los alimentos necesarios y una gran variedad de productos esenciales. Por ejemplo, gracias a la agricultura podemos obtener fibras para la ropa y materias primas para la industria farmacéutica y cosmética.

Actualmente, también se cultivan plantas para producir energías renovables. Estas, contribuyen a la producción de oxígeno y ayudan a reducir el dióxido de carbono en la atmósfera, lo que es muy beneficioso para el medio ambiente.

Evolución de la agricultura

A. CAZA Y RECOLECCIÓN

B. AGRICULTURA

C. CONVENCIONAL
La prioridad es la producción

D. ORGÁNICA
La prioridad es la nutrición de las plantas con compostajes

E.

SOSTENIBLE
La prioridad es la relación suelo ⟷ planta
Esta agricultura complementa el suelo con minerales y microorganismos

En los inicios de la humanidad las personas cazaban y recolectaban su comida (Imagen A). Con el tiempo, descubrieron que podían cultivar sus propios alimentos plantando semillas, lo que llevó a la creación de ciudades. Se idearon herramientas y métodos de cultivo más eficientes y naturales (Imagen B). A medida que las urbes crecían, la agricultura se industrializaba, lo que permitió producir suficientes alimentos para la creciente población, pero también provocó contaminación ambiental, degradación del suelo y enfermedades en humanos y animales debido a los venenos utilizados en el control de plagas y enfermedades (Imagen C). En respuesta a estos problemas surgió la agricultura orgánica, que busca producir sin agroquímicos, pero no satisface la demanda de alimentos en cantidad y calidad (Imagen D). Por esta razón, surgió la agricultura sostenible, que tiene en cuenta tanto la cantidad como la calidad de las cosechas, sin poner en riesgo el ecosistema (Imagen E).

Para cultivar plantas de manera sostenible es necesario conocer los principios básicos de su desarrollo y producción, por lo tanto, es fundamental entender el papel que juegan los microorganismos, ya que ellos son esenciales para la formación, funcionamiento y conservación del suelo. Además, contribuyen a una mejor disponibilidad del agua, del aire y de los nutrientes necesarios para el crecimiento y reproducción de las plantas, así como a la prevención de enfermedades y plagas mediante el control biológico y la descontaminación del ecosistema.

El suelo es un organismo vivo que está en constante cambio gracias a su microflora. Si conocemos cómo funciona el suelo, podremos manejarlo fácilmente. En este libro se explicarán, en primer lugar, algunas de las funciones de los microorganismos en el ecosistema, y su uso en la agricultura. Seguidamente en la guía práctica para los agricultores, mostraremos como aprovechar al máximo el potencial de los microorganismos en un cultivo sostenible. Por último, se describirá cómo se han logrado excelentes resultados usando microorganismos y haciendo algunas modificaciones en los manejos de acuerdo con la microflora del suelo y con la planta que se cultive. Con ello queremos que quien lea comprenda que antes de usar una técnica debe analizar si se adapta a sus condiciones. Porque es posible cultivar con la naturaleza y no en contra de ella.

Requerimientos de las plantas

La agricultura es una actividad netamente humana. Las plantas no son habitantes inertes de los ecosistemas, son parte fundamental de los mismos. Son vitales para la supervivencia del planeta Tierra, ya que no sólo nos proporcionan oxígeno, agua y alimento, sino también energía, materiales para la construcción de viviendas, vestimenta, medicamentos, cosméticos y hasta estabilidad emocional. Para poder cultivar plantas de forma sostenible es esencial conocer y entender el entorno natural que les permite desarrollarse de forma óptima.

Las plantas tienen la capacidad única de producir su propio alimento a partir de la luz solar, el dióxido de carbono, el agua y los minerales. Sin embargo, como son seres inmóviles, dependen del entorno que los rodea para obtener estos elementos.

La luz solar la absorben directamente del sol, el dióxido de carbono lo toman del aire, y los minerales y el agua los adquieren del suelo. Este último, les brinda el soporte necesario para anclar sus raíces y sostener su crecimiento.

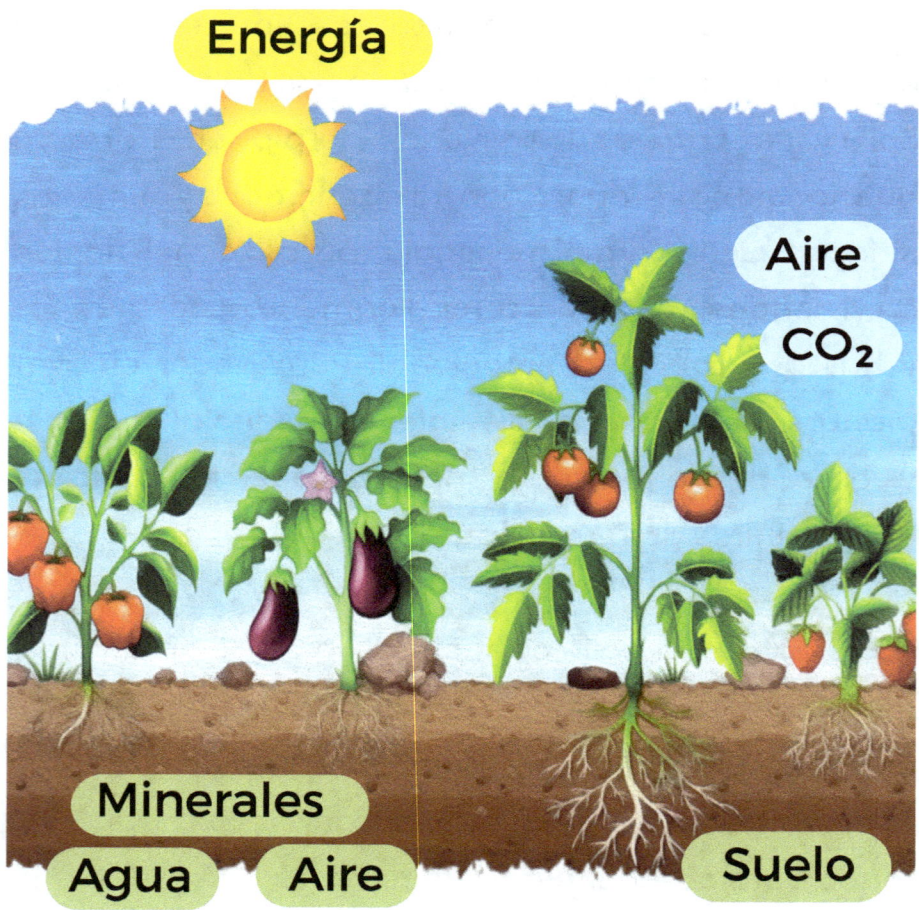

Energía

Aire

CO_2

Minerales

Agua

Aire

Suelo

El proceso por el cual generan su propio alimento se conoce como fotosíntesis, y se lleva a cabo en las hojas. De esta forma las plantas producen moléculas de carbohidratos que les brindan la energía necesaria para convertir los minerales en componentes esenciales para su crecimiento y desarrollo. Durante este proceso las plantas liberan oxígeno a la atmósfera, vital para la respiración de los seres vivos.

Las raíces de las plantas cumplen dos funciones fundamentales: proporcionar soporte y captar recursos del suelo esenciales para su supervivencia (agua, aire y minerales). En la agricultura convencional se considera que el suelo es un sustrato inerte que se puede someter a prácticas agrícolas nocivas, pero en la agricultura sostenible se entiende que el suelo es un sistema vivo que debe ser cuidado y cuya salud es crucial para el crecimiento y desarrollo de las plantas. Por lo tanto, es importante comprender cómo se forman los suelos y la importancia de los organismos que allí habitan para aprender sobre cultivo sostenible de las plantas.

Suelo vivo

El suelo se origina a partir de la desintegración de rocas por efecto del clima o cenizas volcánicas, lo que le confiere un alto contenido de nutrientes. Los microorganismos son fundamentales en la fragmentación de la roca madre o del material parental (rocas y minerales que forman la base del suelo), ya que son los únicos seres vivos capaces de crecer sobre él (foto 1).

Foto 1

Cuando estos microorganismos mueren, dejan materia orgánica y minerales asimilables que son aprovechados por otros organismos más avanzados (foto 2 y 3).

Foto 2

Foto 3

A su vez, cuando estos últimos mueren, dejan más materia orgánica y nutrientes disponibles (foto 4 y 5).

Conforme aumenta la cantidad de materia orgánica y disminuye el tamaño de la roca madre, se van formando las capas del suelo u horizontes (foto 6).

Estos se diferencian por el color que proviene de la cantidad de materia orgánica y minerales del suelo, y se denominan A, B, C y D. El horizonte A es el más fértil en nutrientes y materia orgánica, lo que lo hace el más adecuado para la agricultura.

Foto 4

Foto 5

Foto 6

A

B

C

D

Composición del suelo

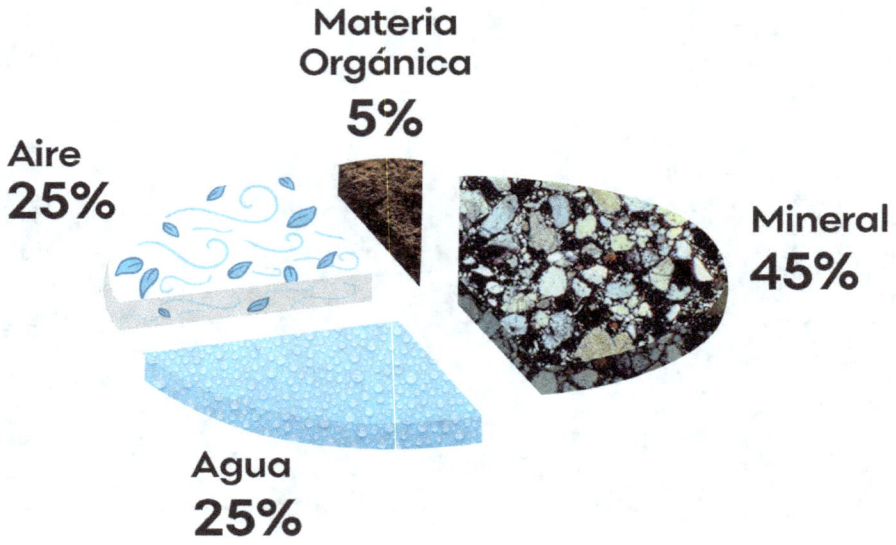

Un suelo productivo está compuesto principalmente por cuatro elementos: la fracción mineral, la materia orgánica, el agua y el aire que circulan a través de él. De acuerdo con la figura anterior, aproximadamente el 45% del suelo está compuesto por la fracción mineral que proviene de la roca madre, mientras que la materia orgánica representa solamente el 5% y proviene de la descomposición de los restos de plantas, animales y microorganismos. El otro 50% está conformado por el agua y el aire que circulan a través de las diferentes partículas del suelo.

Materia orgánica

La materia orgánica juega un papel importante en la liberación y el suministro de nutrientes esencialespara el crecimiento de las plantas. Al descomponerse, los restos vegetales y animales liberan nutrientes como nitrógeno, fósforo y potasio. Así la materia orgánica mejora la capacidad del suelo para retener nutrientes y los hace más asimilables para las plantas.

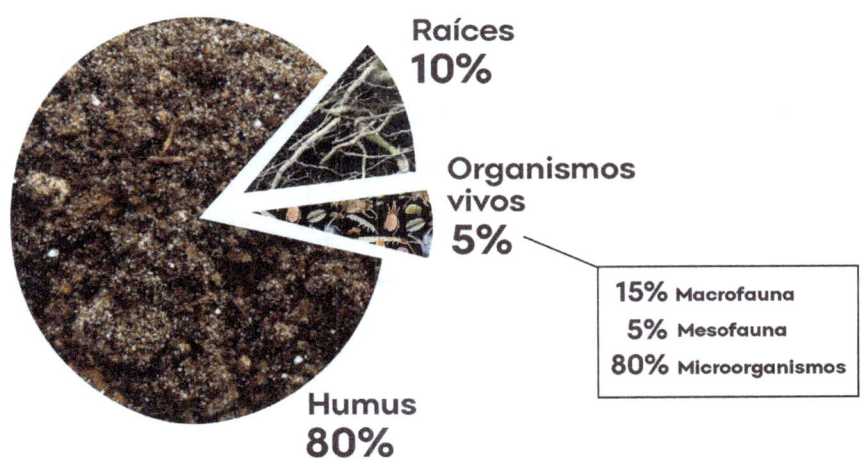

Raíces
10%

Organismos
vivos
5%

15% Macrofauna
5% Mesofauna
80% Microorganismos

Humus
80%

La materia orgánica del suelo está compuesta en su mayoría por humus, que representa aproximadamente el 85% de su composición. El humus es el resultado de la degradación completa de los restos vegetales y animales, y aunque no tiene un valor nutritivo directo para las plantas, es fundamental para retener los nutrientes en el suelo y conservar su estructura.

La *macrofauna* del suelo incluye a los organismos que son visibles a simple vista, como las termitas y las lombrices. Estos animales son importantes para la descomposición de la materia orgánica y para la conservación de la estructura del suelo. Las termitas, contribuyen a la descomposición de la madera y la celulosa, y las lombrices ayudan a desmenuzar y mezclar los residuos orgánicos con el suelo, mejorando su aireación y fertilidad. En general, la presencia de una macrofauna diversa y saludable es indicativo de un suelo con buena calidad y fertilidad.

La *mesofauna* del suelo está compuesta por organismos que miden entre 0.1 mm y 2 mm, como los ácaros y los colémbolos. Estos organismos juegan un papel importante en la descomposición de la materia orgánica en el suelo, ya que fragmentan los restos vegetales y animales en pedazos muy pequeños, permitiendo que los microorganismos puedan degradarlos por completo. Además, la *mesofauna* también ayuda a controlar el crecimiento de algunas poblaciones microbianas, manteniendo el equilibrio en el ecosistema del suelo.

Los *microorganismos* son seres vivos que no pueden ser vistos a simple vista, lo que hizo que su descubrimiento fuese posterior al de otros organismos. Para su observación es necesario el uso de microscopios.

Aunque son pequeños, estos organismos son muy numerosos y se estima que en un gramo de suelo pueden encontrarse más de 10.000 millones de microorganismos.

El suelo es el hogar de una amplia variedad de microorganismos que son esenciales para la salud y fertilidad del mismo. Estos microorganismos, como bacterias, hongos y actinomicetos, tienen diferentes formas, tamaños y propiedades que les permiten cumplir una variedad de funciones. Por ejemplo, algunos son capaces de fijar el nitrógeno atmosférico, lo que es esencial para la nutrición de las plantas. Otros son capaces de reciclar nutrientes y estimular el crecimiento de las plantas. También son importantes en el control biológico de plagas y enfermedades, y hasta en la descontaminación del suelo.

Los microorganismos, con su capacidad de adaptación y papel crucial en la salud del suelo, son elementos indispensables para el cultivo de plantas. Por esta razón, es importante preservar y fomentar su actividad en el suelo a través de prácticas agrícolas y de manejo adecuado. Esto ayudará a mantener un equilibrio biológico saludable y una buena calidad del suelo, lo que garantizará el éxito de la agricultura sostenible.

Función de los microorganismos

Bioestructura del suelo

La bioestructura se refiere a la forma grumosa que adquiere el suelo, la cual es estable al agua y proporciona las condiciones ideales para el crecimiento de las plantas. Es el resultado de una interrelación óptima entre las propiedades físicas, químicas y biológicas del suelo.

La formación de la bioestructura empieza con los agregados primarios que son una mezcla de partículas como la arcilla, el cuarzo y la materia orgánica. Estos materiales se acomodan de tal forma que dejan espacios libres para la circulación del agua y del aire.

Los microorganismos
mantienen estable la bioestructura del suelo

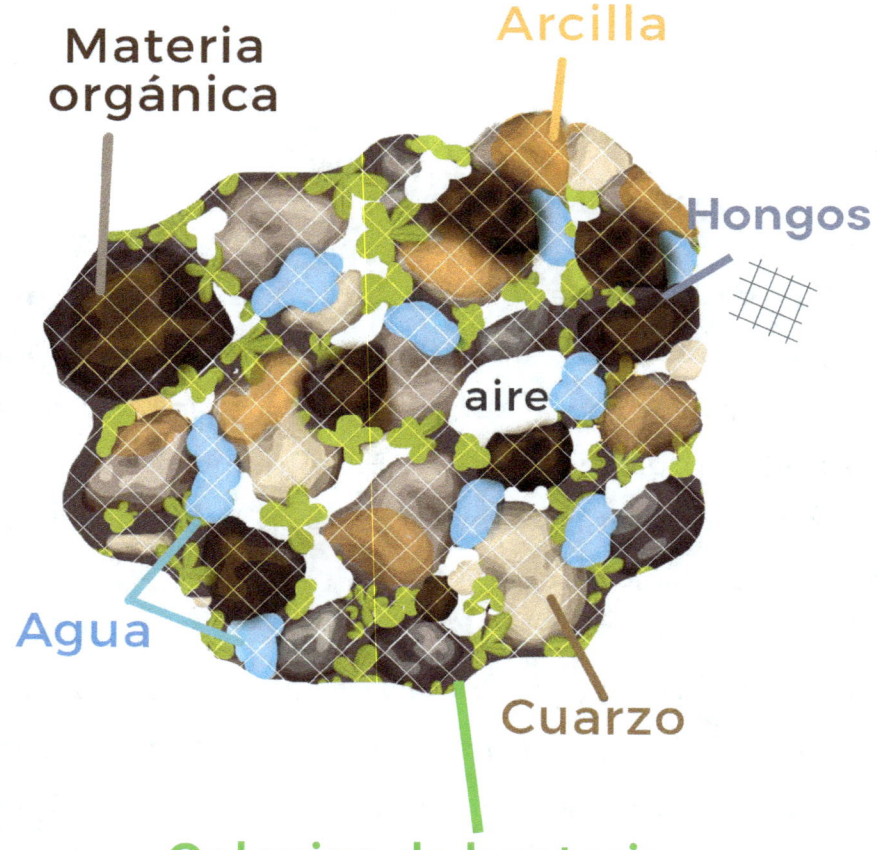

Materia orgánica

Arcilla

Hongos

aire

Agua

Cuarzo

Colonias de bacterias

Las bacterias producen ácido poliurónico
que mantienen estables los agregados del suelo

Hongos y Actinomycetes
unen los agregados con los micelios

Los microorganismos presentes en el suelo son fundamentales para la formación de la bioestructura, ya que su acción conjunta es la responsable de que estas formas se vuelvan estables.

Las bacterias producen una sustancia llamada ácido poliurónico que actúa como pegante y hacen que las partículas del suelo se unan entre sí. Por otra parte, los hongos producen unas estructuras denominadas *hifas*, que se asemejan a mallas y permiten la unión y el amarre de todas las partículas del suelo, contribuyendo así a la estabilidad de la bioestructura. De esta manera, la actividad microbiana es esencial para la formación y conservación de la bioestructura del suelo y, por ende, para el adecuado desarrollo de las plantas.

Función de la bioestructura

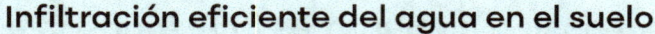

Infiltración eficiente del agua en el suelo

La bioestructura del suelo es esencial para la estabilidad del ecosistema, ya que cumple diversas funciones claves:

• Controla la disponibilidad del agua en el suelo, actuando como un reservorio que permite el ingreso de esta en épocas de invierno y su liberación en verano.

• Regula la aireación y temperatura del suelo, creando condiciones óptimas para el desarrollo de las plantas.

● Favorece el crecimiento radicular (raíces) de las plantas y les proporciona los nutrientes necesarios para su desarrollo y crecimiento.

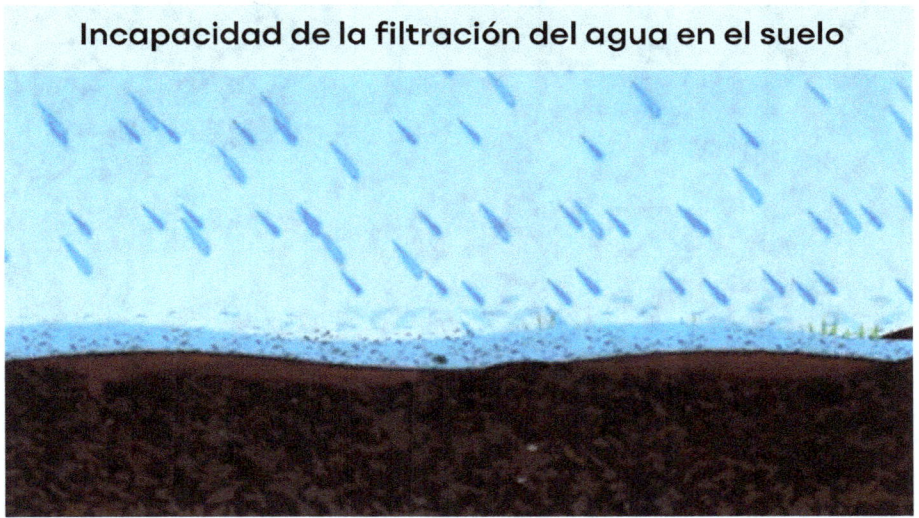

Incapacidad de la filtración del agua en el suelo

Cuando el suelo carece de una bioestructura saludable, se vuelve compacto y menos poroso, lo que dificulta el paso del agua a través de él. En lugar de infiltrarse en el suelo, el agua tiende a escurrirse superficialmente, aumentando la escorrentía y provocando inundaciones en áreas bajas.

En resumen, la bioestructura es una parte fundamental del suelo y su preservación es vital para el desarrollo de la agricultura sostenible y la conservación del ecosistema terrestre.

Foto 1

Foto 2

En la primera foto pueden apreciar las diversas formas que adopta la bioestructura en el campo. En la segunda vemos un suelo sin bioestructura, el cual está muy compactado y duro, lo que dificulta el paso del agua y del aire. Esta falta de porosidad genera problemas de inundaciones y erosión, afecta la capacidad del suelo para retener agua y nutrientes, lo que lleva a sequías y a reducir el rendimiento de los cultivos. Por lo tanto, es crucial tomar medidas para recuperar la bioestructura y mejorar su fertilidad y productividad.

Fijación biológica de nitrógeno

El nitrógeno es un elemento esencial para la vida, pues hace parte de moléculas tan importantes como aminoácidos, proteínas y vitaminas. La reserva ilimitada que tenemos es el aire que contiene un 78% de nitrógeno, pero las plantas y los animales no pueden aprovecharlo directamente.

Aquí es donde entran en juego los microorganismos, que son los únicos organismos capaces de convertir el nitrógeno en una forma utilizable para otros seres vivos en un proceso llamado "fijación biológica de nitrógeno".

Fijación biológica de nitrógeno

En este proceso participan diferentes grupos de microorganismos. Algunos convierten el nitrógeno en amonio, pero las plantas lo necesitan en forma de nitritos y nitratos. Otro grupo de microorganismos ayudan a convertirlo en estas formas asimilables. Si los nitritos y nitratos se acumulan en el suelo sin ser absorbidos por las plantas, otro grupo de microorganismos los transforma de nuevo en nitrógeno gaseoso y lo devuelve a la atmósfera.

Varios investigadores han contribuido al estudio de la fijación biológica de nitrógeno simbiótica y de vida libre. Entre ellos se destacan Martinus Beijerinck, quien demostró en 1888 que ciertas bacterias podían fijar nitrógeno atmosférico, y Sergei Winogradsky, quien descubrió las bacterias fijadoras de nitrógeno en los nódulos de las leguminosas en 1890. Hermann Hellriegel y Hermann Wilfarth también realizaron estudios importantes sobre la fijación biológica de nitrógeno simbiótica en las leguminosas. A través de sus investigaciones, estos científicos sentaron las bases para comprender la importancia de la fijación biológica de nitrógeno en la agricultura sostenible y en los ecosistemas naturales.

Existen dos sistemas principales de fijación biológica de nitrógeno: la fijación simbiótica y la fijación asimbiótica o de vida libre.

Fijación simbiótica

La fijación simbiótica es un proceso en el cual los microorganismos se asocian con las raíces de las plantas, específicamente en plantas leguminosas como la soya y el frijol. En esta simbiosis se forman nódulos en las raíces donde los microorganismos pueden convertir el nitrógeno atmosférico en una forma que las plantas pueden utilizar.

Raíz de soya con nódulos

Cultivo de soya

Fijación asimbiótica ó de vida libre

En la fijación asimbiótica o de vida libre, los microorganismos tienen la capacidad de fijar el nitrógeno sin necesidad de establecer una asociación simbiótica con las plantas. A diferencia de la fijación simbiótica, en este caso no se forman nódulos en las raíces.

Tanto la fijación simbiótica como la fijación asimbiótica son procesos importantes para la agricultura sostenible. Estos son los sistemas de fijación de nitrógeno atmosférico en la naturaleza. Hay varios estudios que aseguran que es más eficiente la fijación biológica de vida libre porque no hay gasto de energía creando nódulos.

Raíz de caña sin nódulos

Reciclaje de nutrientes

El sistema de reciclaje de nutrientes es un proceso mediante el cual todos los residuos orgánicos que llegan al suelo son transformados en nutrientes asimilables. Este sistema es vital para la continuidad de la vida en el planeta Tierra. Si este proceso no existiese, no habría forma de nutrir las plantas, no se degradarían los residuos, básicamente no existiríamos ni podríamos subsistir.

El reciclaje de nutrientes se da gracias a que los microorganismos se alimentan de la materia orgánica y liberan sus componentes básicos, como carbono, nitrógeno, fósforo, entre otros.

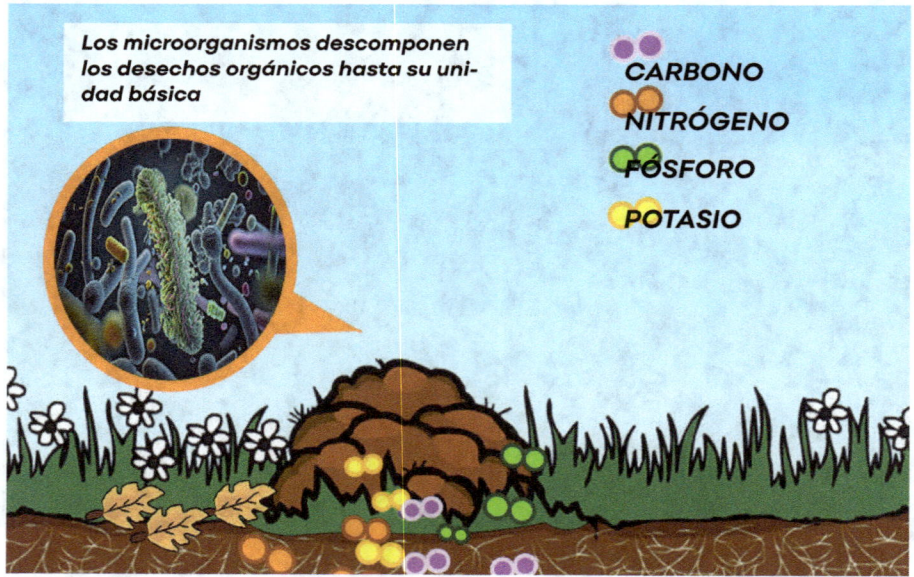

Los microorganismos descomponen los desechos orgánicos hasta su unidad básica

CARBONO
NITRÓGENO
FÓSFORO
POTASIO

La descomposición de los materiales orgánicos es llevada a cabo por varios grupos de microorganismos que trabajan en una línea de deconstrucción. Primero, las bacterias descomponen los compuestos simples como azúcares, almidones, pectinas y gomas.Luego, los hongos actúan sobre la celulosa, las cenizas, las grasas y las proteínas. Por último, los actinomicetos, son los únicos capaces de degradar la lignina. Durante todo el proceso se genera dióxido de carbono y elementos como nitrógeno, fósforo y potasio, razón por la cual esta descomposición se debe hacer cerca de las plantas para que aprovechen los nutrientes que se liberan poco a poco.

Etapas de degradación de la materia orgánica por los microorganismos

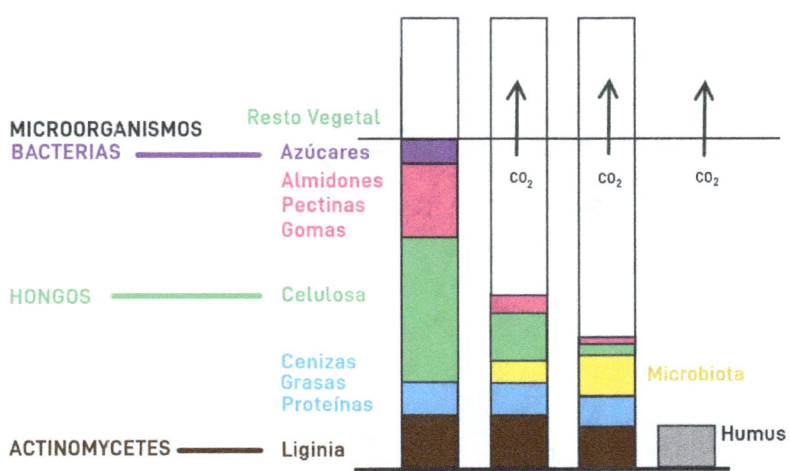

45

Después de la descomposición de los materiales orgánicos por parte de los microorganismos, queda como residuo el humus que, aunque no posee valor nutricional, es fundamental para la conservación del suelo. El humus forma parte de los agregados del suelo y tiene la capacidad de retener las sales minerales hasta que las plantas los tomen. Asimismo, mejora la capacidad de retención de agua del suelo, lo que resulta beneficioso para las plantas.

Como vemos en la figura, la descomposición de los materiales orgánicos en el suelo es llevada a cabo por diferentes grupos de microorganismos, dependiendo del contenido del material que se está descomponiendo. Este mecanismo es importante porque ayuda a equilibrar las poblaciones de microorganismos en el suelo y lo podemos usar en el manejo de las enfermedades de las plantas.

Además los aportes de materia orgánica mejoran la funcionalidad del suelo y lo protegen de la erosión.

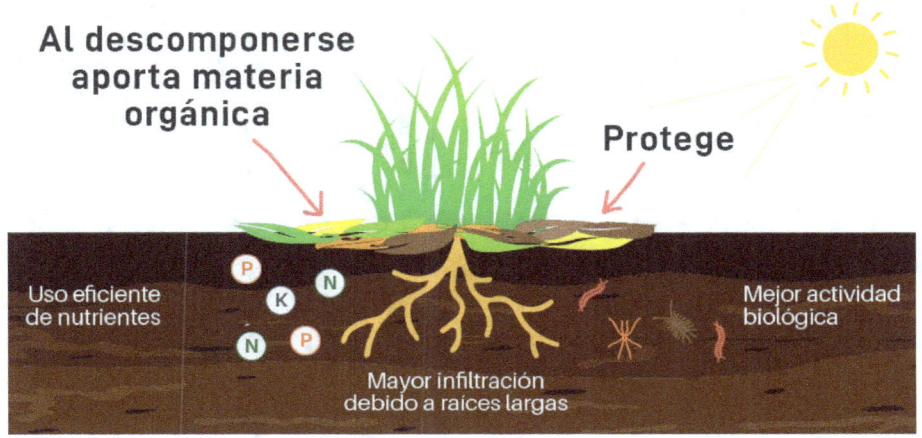

Al descomponerse aporta materia orgánica

Protege

Uso eficiente de nutrientes

Mejor actividad biológica

Mayor infiltración debido a raíces largas

El tiempo que tarda el proceso de degradación de los materiales orgánicos depende en gran medida de las condiciones ambientales en las que se lleve a cabo, especialmente del clima. Esto se puede observar claramente en un bosque húmedo, donde la alta humedad y las temperaturas frías hacen que la descomposición de los materiales orgánicos sea más lenta. En zonas más secas y cálidas, el proceso de descomposición es mucho más rápido.

Bosque húmedo

Zona seca y cálida

Solubilización de fósforo

El fósforo es un elemento esencial para la vida, necesario para los organismos vivos, ya que es una parte clave de las moléculas ATP y ADP. Estas son esenciales para almacenar y transferir energía en las células, permitiendo que se lleven a cabo procesos importantes como la respiración, fotosíntesis, síntesis de ácidos, división celular y crecimiento. Es por esta razón que el fósforo es de gran importancia para el cultivo de las plantas.

A diferencia del carbono y el nitrógeno, el fósforo no se encuentra en la naturaleza en grandes cantidades. Se extrae de minas y de roca fosfórica, y actualmente no existe una forma conocida para sintetizarlo. Además, los procesos para que el fósforo esté disponible en el suelo para las plantas son muy lentos, lo que resulta en una baja eficiencia de la fertilización fosfórica. Hay una gran cantidad de fósforo inorgánico en el suelo que no puede ser utilizado por las plantas. Esto hace que la fertilización fosfórica tenga una eficiencia relativamente baja, con sólo un 10-25% del fósforo disponible que es aprovechado por las plantas.

Hoy en día, gracias a investigaciones científicas, sabemos que los microorganismos juegan un papel clave en la disponibilidad del fósforo para las plantas. Esto nos brinda una alternativa eficaz y sostenible para proporcionar este elemento esencial sin agotar nuestros recursos y sin dañar el medio ambiente, especialmente cuando se usan microorganismos nativos.

En el suelo y en las plantas la mayoría de los microorganismos son capaces de solubilizar el fósforo inmóvil, siendo las bacterias las que lideran este proceso, representando el 50% de las especies solubilizadoras de fosfato, mientras que los hongos sólo representan entre el 0,1% y el 0,5% de la población total. Aunque el fósforo se puede agregar al suelo mediante fertilizantes, por lo general se encuentra en una forma no disponible y está atado a iones como Ca, Fe, y Al. En cualquiera de sus formas este se libera solo por la acción de los microorganismos.

Los microorganismos secretan ácidos orgánicos que disuelven los compuestos de fósforo no disponibles en el suelo, liberando iones de fósforo que las plantas pueden absorber a través de sus raíces. Además, algunos microorganismos pueden formar una simbiosis con las raíces de las plantas y ayudar a solubilizar el fósforo directamente en el interior de las células de la raíz, lo que se conoce como "micorrizas". En general, los microorganismos son una pieza clave en el ciclo del fósforo y son vitales para la nutrición de las plantas.

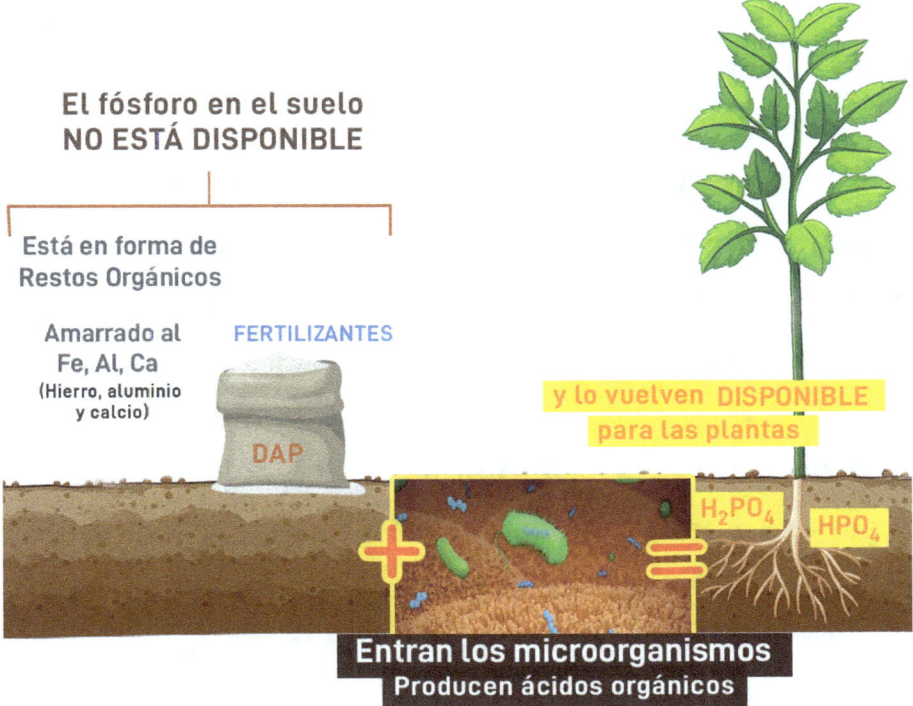

El fósforo en el suelo
NO ESTÁ DISPONIBLE

Está en forma de
Restos Orgánicos

Amarrado al
Fe, Al, Ca
(Hierro, aluminio
y calcio)

FERTILIZANTES

DAP

y lo vuelven DISPONIBLE
para las plantas

H_2PO_4 HPO_4

Entran los microorganismos
Producen ácidos orgánicos

Promotores de crecimiento vegetal

Las plantas y los microorganismos tienen una relación muy cercana y ambos se benefician mutuamente. Las plantas producen sustancias que son utilizadas por los microbios, como aminoácidos, azúcares y enzimas. A cambio, los microorganismos producen factores de crecimiento y antibióticos que protegen a las plantas de enfermedades. Es decir, las plantas y los microbios viven juntos en una relación de mutua colaboración.

Los microorganismos promotores del crecimiento vegetal, también llamados PGPR por sus siglas en inglés (*Plant Growth Promoting Rhizobacteria*) son de vida libre, es decir, viven en el suelo o cerca de las raíces. Estos microorganismos estimulan el crecimiento de las plantas por acción directa o indirecta. Los mecanismos directos se dan cuando los microorganismos les proporcionan nutrientes a las plantas, como es el caso de los fijadores de nitrógeno atmosférico, los solubilizadores de fósforo y potasio, etc.

Igualmente, muchos de estos microorganismos producen fitohormonas, como el ácido indolacético, que incrementan el crecimiento de las raíces. Los mecanismos indirectos de las PGPR se dan cuando producen moléculas como los antibióticos o los sideróforos, que pueden ayudar a las plantas a defenderse contra el ataque de diferentes fitopatógenos. Adicionalmente, algunos de estos microorganismos crean biopelículas que hacen que las plantas sean más resistentes a los cambios climáticos como la sequía y las inundaciones.

Mecanismo directo

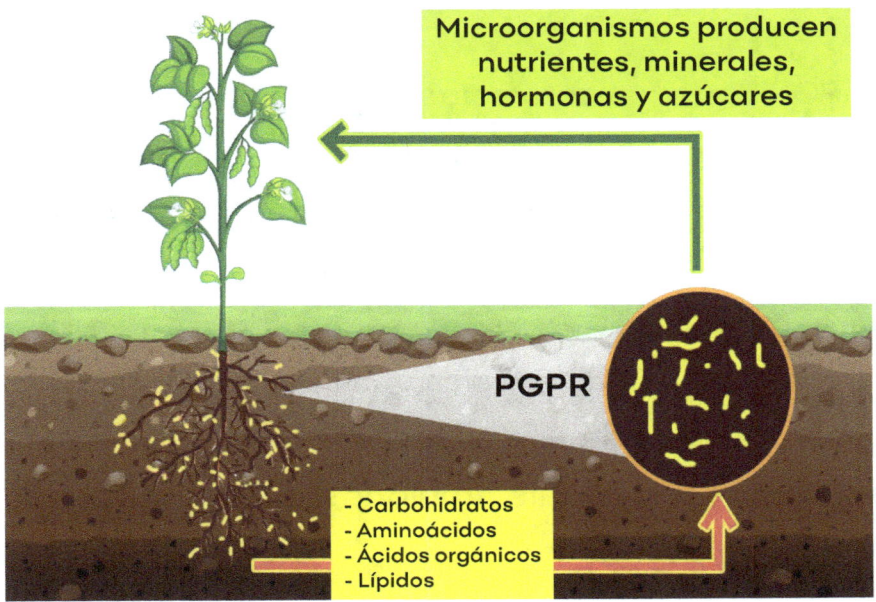

Microorganismos producen nutrientes, minerales, hormonas y azúcares

PGPR

- Carbohidratos
- Aminoácidos
- Ácidos orgánicos
- Lípidos

Mecanismo indirecto

- Producción de sideróforos

- Producción de antibióticos

- Competencia

Los PGPR pueden activar las defensas de las plantas a través de una interacción compleja entre las señales que emiten y los mecanismos de defensa. Cuando un microorganismo entra en una planta, libera moléculas que son reconocidas por ella y activan una serie de señales que lleva a la activación de respuestas de defensa, como la producción de compuestos antimicrobianos y la síntesis de proteínas protectoras.

El aumento del sistema radicular de las plantas por la estimulación de los microorganismos les permite absorber más nutrientes y agua, las vuelve más resistentes a los cambios climáticos y les activa los mecanismos de defensa.

Todo esto contribuye a mejorar la productividad del cultivo, al mismo tiempo reduce la necesidad de fertilizantes químicos, lo que disminuye los costos de producción y el impacto ambiental.

Antagonismo microbiano

El antagonismo microbiano es la capacidad de un microorganismo para inhibir o destruir a otro organismo. Puede ocurrir de cuatro diferentes formas, que son:

- Parasitismo directo, donde un microorganismo mata a otro, actuando como un parásito que se alimenta hasta causar la muerte de su huésped.

● Producción de compuestos antimicrobianos, como los antibióticos, que impiden el crecimiento de otros organismos.

● Competencia, donde los microorganismos limitan el crecimiento de otros al consumir nutrientes u ocupar espacio en el entorno, generando una disputa por los recursos.

● Antagonismo microbiano indirecto, donde los microorganismos producen compuestos como los sideróforos microbianos que secuestran el hierro y privan a otros organismos de este nutriente esencial, impidiendo su crecimiento.

El control biológico usa estas interacciones microbianas para inhibir o destruir organismos perjudiciales, contribuyendo a la protección de los cultivos de forma natural y sostenible.

Competencia fúngica, premio Fotciencia en modalidad Agricultura Sostenible. Rachel Serrano Bacallao y Víctor González Menéndez.

La fotografía muestra el antagonismo de bacterias contra el hongo, aspergillus flavus.

Control químico

Es la utilización excesiva de pesticidas, insecticidas y fungicidas, que no solo afectan a los organismos no deseados, sino también a todos los organismos en general, lo cual influye directamente en la fertilidad y sanidad del suelo.

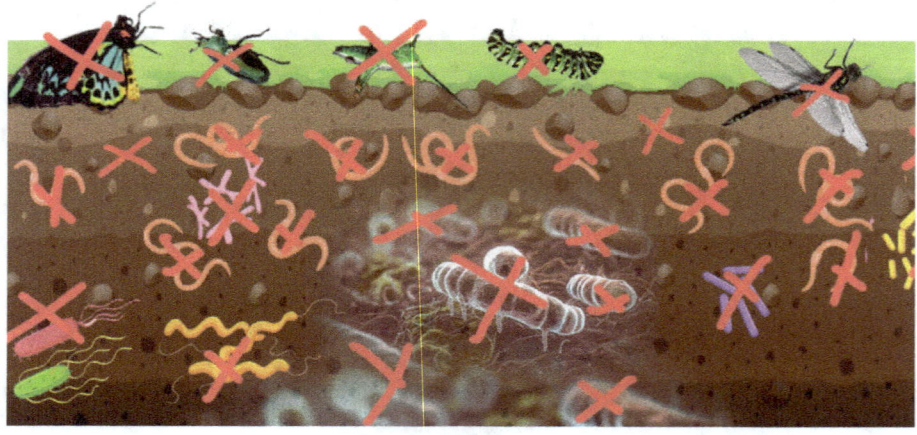

Control biológico

Consiste en utilizar organismos vivos, como insectos benéficos, bacterias, hongos y nematodos, para controlarlaspoblacionesdeorganismosconsiderados perjudiciales. Es una opción más segura y amigable con el medio ambiente, ya que no utiliza productos químicos tóxicos y no deja residuos dañinos en los cultivos. Además, es una alternativa sostenible a largo plazo, ya que los organismos benéficos pueden establecerse en el ambiente y mantener un control continuo de las plagas.

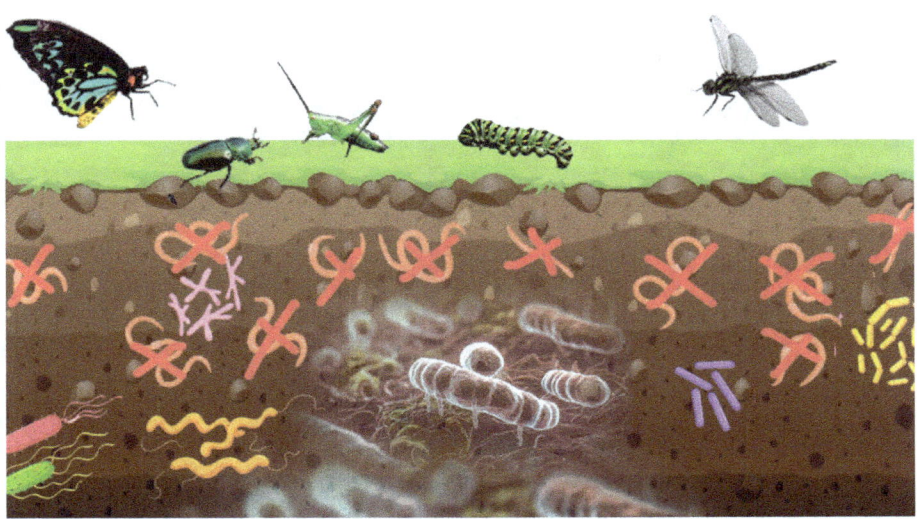

Guía práctica para agricultores

Es muy grato presentarte una guía práctica de agricultura sostenible. Exploraremos los aspectos fundamentales para cultivar plantas de manera saludable, abundante y sin dañar el ecosistema. Aprenderemos cómo adoptar prácticas respetuosas con el medio ambiente. Promoveremos la biodiversidad y la utilización de recursos de manera consciente.

Suelo

El suelo es un recurso natural invaluable, vital para el crecimiento de las plantas. Proporciona nutrientes necesarios, conserva el agua y alberga infinidad de organismos necesarios para la vida del planeta. Antes de comenzar un cultivo, es crucial conocer el estado del suelo, tanto en términos de su composición química como física y biológica. Una forma sencilla de evaluarlo es observando su bioestructura.

Valoración de la bioestructura

El suelo es esencial para tener una agricultura sostenible. Por eso, es importante saber si tiene una bioestructura optima. Para conocerlo, podemos hacer una prueba fácil consiste en tomar un puñado de tierra, apretarlo y abrir la mano. Si vemos que la tierra forma grumos (foto 1) es señal de un suelo sano, pero si la tierra se deshace y se convierte en polvo (foto 2), quiere decir que la bioestructura no está bien y es necesario tomar medidas para mejorarla.

Suelo con bioestructura   **Suelo sin bioestructura**

Conservación y mejoramiento de la bioestructura

La bioestructura es la base de la agricultura sostenible y depende de los organismos del suelo. Esto significa que es variable y necesita ser alimentada y protegida constantemente. Para crear, proteger y conservar una buena bioestructura, es necesario tener en cuenta lo siguiente:

1. Mantener el suelo cubierto es fundamental para su protección y productividad: Si dejamos el suelo descubierto este se erosiona, pierde nutrientes, humedad, y causa un crecimiento excesivo de arvenses (o malezas). Para evitar estos problemas, es necesario cubrir el suelo con vegetación o materia orgánica, así mantiene su salud y se protege su capacidad para cultivar plantas sanas y productivas.

En lo posible, se deben agregar al suelo los materiales orgánicos que se tengan a mano, es decir, los restos de cosecha u otros materiales orgánicos disponibles en el entorno, sin tener que gastar dinero en transporte o compostaje externo. De esta forma, se puede enriquecer el suelo y mejorar su calidad sin afectar el costo de producción.

Ejemplo de la cubierta del suelo con restos de cosecha de plátano.

2. Una buena forma de proteger el suelo y de optimizar el uso de fertilizantes químicos es taparlos con materia orgánica una vez que se han aplicado en la planta. Esto ayuda a que se aprovechen mejor los nutrientes, y evita que se pierdan por evaporación o lluvia.

Después de fertilizar el cultivo de cítrico se cubrió la gotera con las arvenses de las calles.

Aquí, se ve un plátano que ha sido fertilizado sin cobertura en la gotera. Y por la lluvia parte del producto se ha perdido.

3. Es recomendable realizar rotación de cultivos, es decir, cambiar el tipo de cultivo que se siembra en una misma área. Esto ayuda a evitar la acumulación de plagas y enfermedades en el suelo y a mejorar su calidad. Sin embargo, si el cultivo principal no se puede variar se puede optar por sembrar entre las "calles" otro cultivo que se pueda variar. Ejemplos: café y maíz o café y frijol (fotos).

Café con maíz

Café con frijol

4. Es esencial evitar trabajos con maquinaria pesada en épocas de lluvias o cuando el suelo está húmedo. Esto se debe a que el paso de la maquinaria puede compactar el suelo, reducir su aireación y afectar su estructura, lo que a su vez puede disminuir la productividad de los cultivos.

Para cuidar la bioestructura del suelo en materas, es recomendable arrancar y dejar descomponer todas las plantas que crecen alrededor de la raíz. De esta manera se evita la competencia por nutrientes y se mantiene una buena circulación de aire y agua.

Al descomponerse, estas plantas aportan materia orgánica al suelo enriqueciendo y favoreciendo su crecimiento.

1.

2.

3.

4.

Optimización de la fertilización

Las plantas obtienen la mayoría de sus nutrientes del suelo, donde se encuentran disueltos en forma de sales minerales. Las raíces de las plantas son las encargadas de absorber estos nutrientes, a través de los pelos absorbentes.

Los microorganismos desempeñan un papel fundamental al proveer al suelo de las sales minerales que necesitan las plantas, ellas no pueden asimilar nutrientes directamente de los fertilizantes o de la materia orgánica tal como son. Estos materiales deben someterse a un proceso microbiano que los transforme en minerales que las plantas puedan asimilar.

Al aplicar fertilizantes o materia orgánica al suelo, los microorganismos que están presentes inician la descomposición de estos compuestos, convirtiéndolos en elementos más simples. Durante este proceso, los microorganismos liberan sales minerales en forma iónica (nitrógeno, fósforo y potasio). Estas sales minerales son absorbidas por las plantas como nutrientes. Cabe destacar que las plantas no distinguen la fuente de donde provienen los nutrientes minerales, ya sea que estos se hayan obtenido a partir de fertilizantes químicos o de la descomposición de materia orgánica. Las plantas los absorben y utilizan de la misma manera.

En la agricultura orgánica se eliminan los agroquímicos que suponen riesgos para el medio ambiente y para la salud humana. Sin embargo, se incluyen a los fertilizantes en esta categoría, puesto que no representan un peligro significativo como los pesticidas.

En la agricultura sostenible, se utilizan fertilizantes de manera responsable, ya que son necesarios para suministrar nutrientes esenciales, requeridos para un crecimiento y desarrollo adecuado. Se optimiza su uso con prácticas que protejan el suelo y el entorno, manteniendo así una producción de alimentos saludables y respetuosos con el medio ambiente.

Es importante destacar que, en los sistemas agrícolas productivos, los materiales orgánicos son fundamentales para mejorar las propiedades del suelo, tanto físicas como químicas y biológicas, sin embargo, no pueden ser utilizados como la única fuente de nutrición para las plantas. Si comparamos el aporte de nitrógeno que hace un compostaje, con respecto al fertilizante químico tenemos:

Un compostaje bien elaborado generalmente contiene alrededor de 1-2% de nitrógeno, aunque esta cifra puede variar según los ingredientes utilizados y el nivel de descomposición del material, por otro lado, la urea, un fertilizante de síntesis química, tiene un contenido fijo (no hay variación) de nitrógeno del 46%. Es decir, 100 gramos de Urea contienen 46 gramos de nitrógeno, para igualar este aporte de nitrógeno con un compostaje requeriríamos mínimo 2.5 kilos, dependiendo del tipo de compostaje. Llevado al campo se convierten en toneladas de diferencia que implican mayor gasto de transporte y personal de campo.

Aunque los fertilizantes son una excelente alternativa para nutrir los cultivos, es importante señalar que no se debe abusar de ellos y se deben tener en cuenta varios puntos antes de tomar la decisión de aplicarlos al suelo.

100 GRAMOS DE UREA CONTIENE 46 GRAMOS DE NITRÓGENO

PARA IGUALAR ESTE APORTE REQUERÍMOS MÍNIMO 2,5 KILOS DE COMPOSTAJE

ESTO EN PORCENTAJES LLEVADOS AL CAMPO SE CONVIERTEN EN TONELADAS DE DIFERENCIA QUE IMPLICAN MAYOR GASTO DE TRASPORTE Y PERSONAL DE CAMPO

Parámetros clave para la fertilización química

Análisis del suelo:

Es fundamental realizar un análisis de suelo para conocer su contenido nutricional y pH, lo cual ayuda a determinar las necesidades específicas de fertilización.

Relación NPK:

Los fertilizantes químicos contienen diferentes proporciones de nitrógeno (N), fósforo (P) y potasio (K). Es importante seleccionar el fertilizante adecuado y ajustar la proporción según los requerimientos del cultivo y las recomendaciones técnicas.

Dosis y frecuencia de aplicación:

La cantidad de fertilizante a aplicar dependerá de factores como el tipo de cultivo, la etapa de crecimiento y las características del suelo. Se deben seguir las recomendaciones específicas para asegurar una aplicación correcta y evitar la sobre fertilización.

Época de aplicación:

Es esencial considerar el momento adecuado para la aplicación de fertilizantes, teniendo en cuenta la etapa de crecimiento de los cultivos y los patrones de absorción de nutrientes. También es recomendable combinar la fertilización química con materiales orgánicos y otras prácticas sostenibles para optimizar la salud del suelo y la productividad a largo plazo.

Uso de los microorganismos en la fertilización

Los microorganismos nos ayudan a optimizar el uso de los fertilizantes de dos formas:

En primer lugar, pueden aumentar el sistema radicular de las plantas al inocular microorganismos promotores del crecimiento vegetal, lo que favorece un mayor desarrollo de las raíces y una mayor absorción de nutrientes.

En segundo lugar, los microorganismos pueden aumentar la disponibilidad de nutrientes para las plantas al solubilizar compuestos como el fósforo y el potasio, facilitando su absorción por parte de las raíces. Además, también existen microorganismos fijadores de nitrógeno, capaces de convertir el nitrógeno atmosférico en formas que las plantas pueden utilizar. Estas interacciones beneficiosas entre las plantas y los microorganismos son fundamentales para optimizar la nutrición y el crecimiento de los cultivos.

Antes de realizar la aplicación de microorganismos en la agricultura, es crucial tener en cuenta ciertos puntos importantes:

1. Selección de microorganismos:

No todos los microorganismos son igualmente efectivos para estimular el crecimiento de las plantas o solubilizar nutrientes. Es necesario realizar una selección cuidadosa de cepas específicas de bacterias u hongos que sean beneficiosos y promotores del crecimiento vegetal. Esto garantizará resultados óptimos en el desarrollo de las plantas.

2. Momento adecuado de aplicación:

La aplicación de microorganismos promotores de crecimiento vegetal debe realizarse en momentos clave del ciclo de vida de las plantas, como durante la germinación de las semillas o el trasplante de plántulas. En estos momentos, las plantas están renovando sus raíces y son más receptivas a los beneficios de los microorganismos.

3. Dosificación adecuada:

La cantidad de microorganismos que se aplica en una planta es de gran importancia. Se requiere una cantidad adecuada de microorganismos para lograr un efecto positivo en el crecimiento y desarrollo de las plantas. Una dosificación incorrecta puede no proporcionar los beneficios esperados o incluso ser perjudicial para las plantas.

4. Condiciones ambientales del cultivo:

Los microorganismos actúan de manera eficiente en función de las condiciones ambientales en las que se encuentren. Es importante considerar que los ambientes cálidos favorecen el crecimiento de bacterias y actinomicetos, mientras que los ambientes más fríos son propicios para el desarrollo de hongos.

Además, los microorganismos también requieren nutrientes para su desarrollo y multiplicación, por lo que es esencial garantizar un entorno adecuado para su funcionamiento óptimo.Durante mi trayectoria profesional, he desarrollado varios protocolos para la selección de microorganismos adecuados para su aplicación en diferentes cultivos y para diversas funciones. Los resultados obtenidos han sido sumamente positivos y prometedores, como veremos más adelante.

En general, una práctica común es tomar una porción del material vegetal de la planta que contiene los microorganismos deseables. Luego, se realizan diluciones seriadas de este material para sembrarlas en diferentes medios de cultivo, dependiendo de la función específica que se esté buscando en el microorganismo.

Esta técnica permite aislar y multiplicar los microorganismos de interés, proporcionando un cultivo puro que puede utilizarse posteriormente para su aplicación en la agricultura. A través de este proceso de selección y multiplicación, se busca obtener una población robusta y efectiva de microorganismos promotores del crecimiento vegetal, que contribuyan al desarrollo saludable de las plantas y a la mejora de la productividad agrícola.

Se toman muestras de material vegetal

1.

Se llevan al laboratorio

2.

3.

4.

Se realiza la siembra y se van seleccionando las cepas puras

Cepa Pura

Una vez obtenemos cepas puras de microorganismos, procedemos a seleccionar aquellas que presenten la mejor función o características específicas que deseamos.

Este proceso de selección nos permite identificar y elegir los microorganismos más adecuados para nuestras necesidades, ya sea en términos de promover el crecimiento de las plantas, solubilizar nutrientes o controlar plagas y enfermedades. Al seleccionar cuidadosamente las cepas con las funciones deseadas, podemos maximizar los beneficios de su aplicación en los cultivos agrícolas.

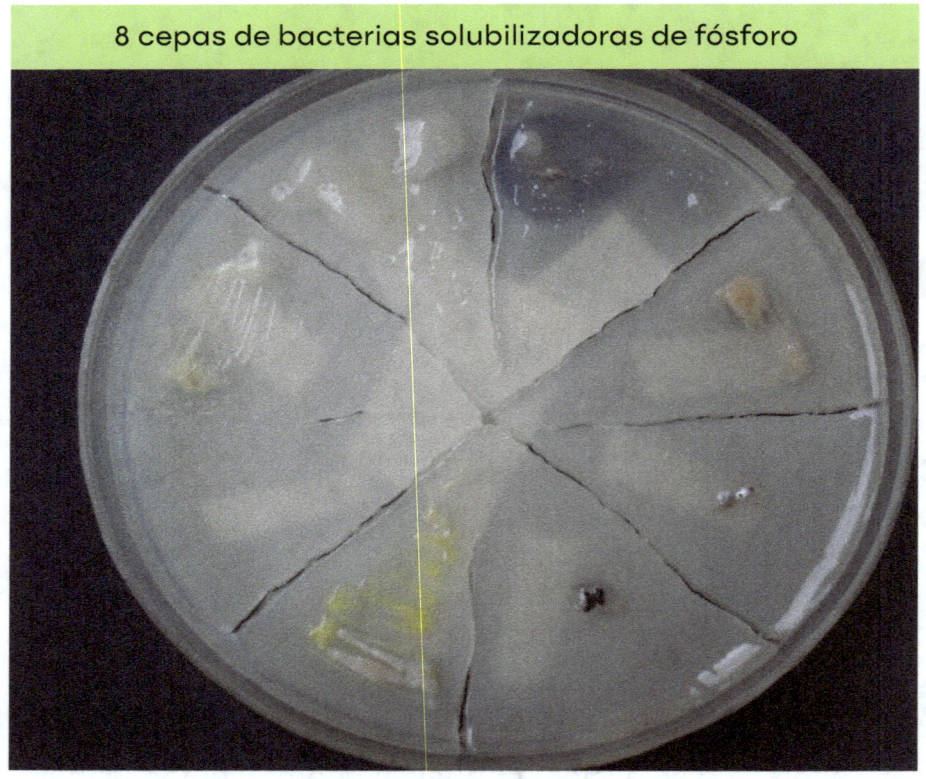

8 cepas de bacterias solubilizadoras de fósforo

En la imagen, podemos observar 8 cepas de bacterias solubilizadoras de fósforo. Sin embargo, solo una de ellas muestra un halo de solubilización más pronunciado, lo que indica que es la más eficiente en esta característica. Esta cepa en particular ha demostrado una alta capacidad para solubilizar el fósforo en el suelo. Es importante realizar pruebas en plantas de invernadero para evaluar su efectividad. Estas pruebas nos permiten determinar si los microorganismos tienen el impacto deseado en las plantas. Con los microorganismos seleccionados en el laboratorio formulamos un biofertilizante para hacer las pruebas en invernadero, esta aplicación se hace de forma controlada y se monitorea su desarrollo a lo largo del tiempo. Se evalúan parámetros como la altura de las plantas, el peso seco de las raíces, el ancho de las hojas, la producción de biomasa, el vigor, una mayor resistencia a enfermedades o una mayor tolerancia al estrés ambiental y cualquier otro aspecto relevante para el cultivo en cuestión.

Luego hacemos las pruebas de efectividad que nos brindan información valiosa sobre la eficacia del biofertilizante y nos permiten ajustar las dosis y los momentos de aplicación para obtener los mejores resultados en campo. Además, nos ayudan a seleccionar las cepas más efectivas y adecuadas para cada tipo de cultivo y condiciones específicas.

Efectividad de los microorganismos en diferentes plantas

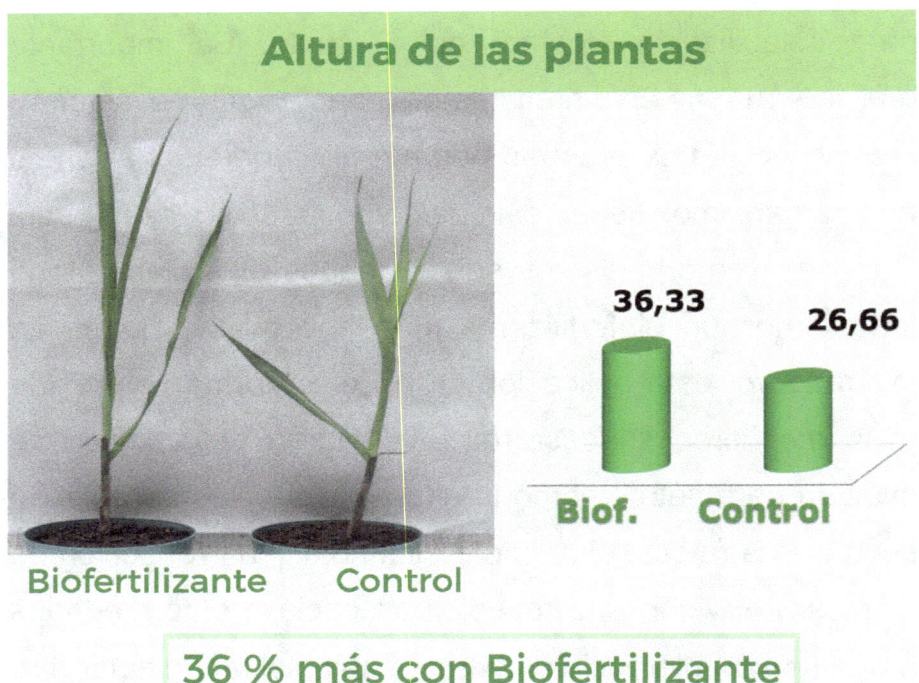

Altura de las plantas

Biofertilizante   **Control**

36,33   26,66

Biof.   **Control**

36 % más con Biofertilizante

Las fotos muestran claramente los efectos positivos de los biofertilizantes en las plantas de caña de azúcar, los resultados obtenidos son impresionantes: las plantas tratadas con biofertilizantes experimentaron un aumento del 36% en su crecimiento, un incremento del 89% en la cantidad de raíces y el doble del peso seco de las raíces.

Número de raíces

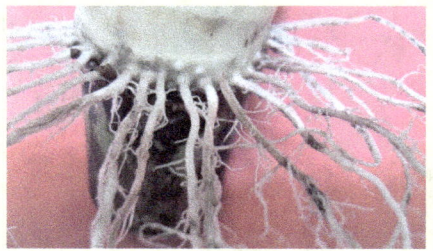

Biofertilizante · Control

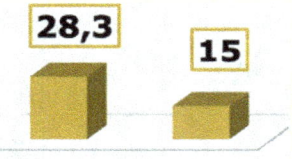

28,3 · 15

Biof. Control

89 % más de raíces
con Biofertilizante

Peso seco de las raíces

Biofertilizante · Control · Biofertilizante · Control

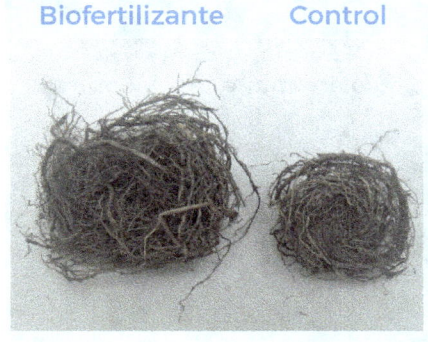

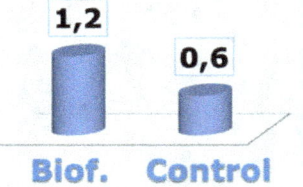

1,2 · 0,6

Biof. Control

100 % más con
Biofertilizante

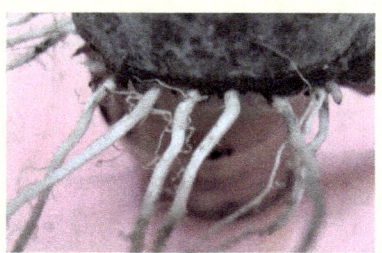

Utilizando la misma metodología, se obtuvieron cepas de microorganismos para su aplicación en diversos cultivos, como café, maíz, cilantro, plátano, aguacate, tomate, pasto, entre otros.

Resultados en café

Biofertilizante   Control   Biofertilizante   Control

Resultados en maíz

Biofertilizante   Control

Resultados en cilantro

Biofertilizante   Control

Resultados en plátano

Biofertilizante   Control

Resultados en aguacate

Biofertilizante   Control

Resultados en tomate

Biofertilizante   Control

Resultados en pasto

Biofertilizante   Control

Estos resultados son una prueba contundente del impacto beneficioso de los microorganismos en el desarrollo de las plantas. Los biofertilizantes han demostrado su capacidad para estimular el crecimiento radicular, lo que a su vez mejora la absorción de nutrientes y agua del suelo. Esto se traduce en un crecimiento más vigoroso de las plantas y un aumento en la productividad del cultivo.

Resultados en caña de azúcar

Después de obtener los excelentes resultados en el invernadero empezamos las aplicaciones en campo. En caña de azúcar demoramos 5 años para obtener la dosis adecuada del biofertilizante puesto que las condiciones de este cultivo son muy diferentes al resto de los cultivos.

Resultados en siembra

Altura: 62 % Más

Población: 24 % Más

**Despoblación / m:
Biof. = 0,33
Control = 2,67**

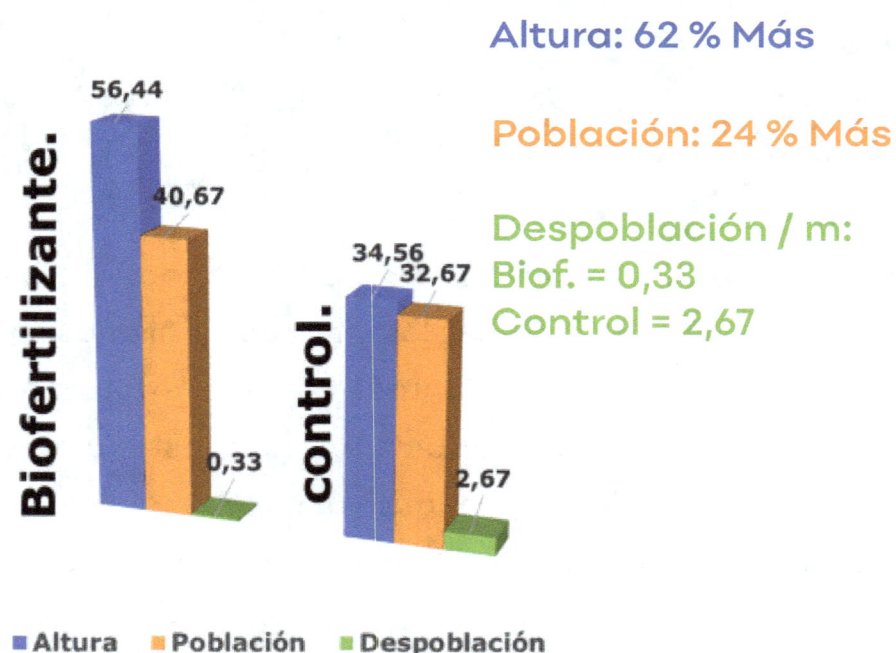

56,44

40,67

0,33

Biofertilizante.

34,56
32,67

2,67

control.

■ Altura ■ Población ■ Despoblación

El biofertilizante se aplica sobre la semilla antes de tapar en la plantilla y en soca sobre las cepas.

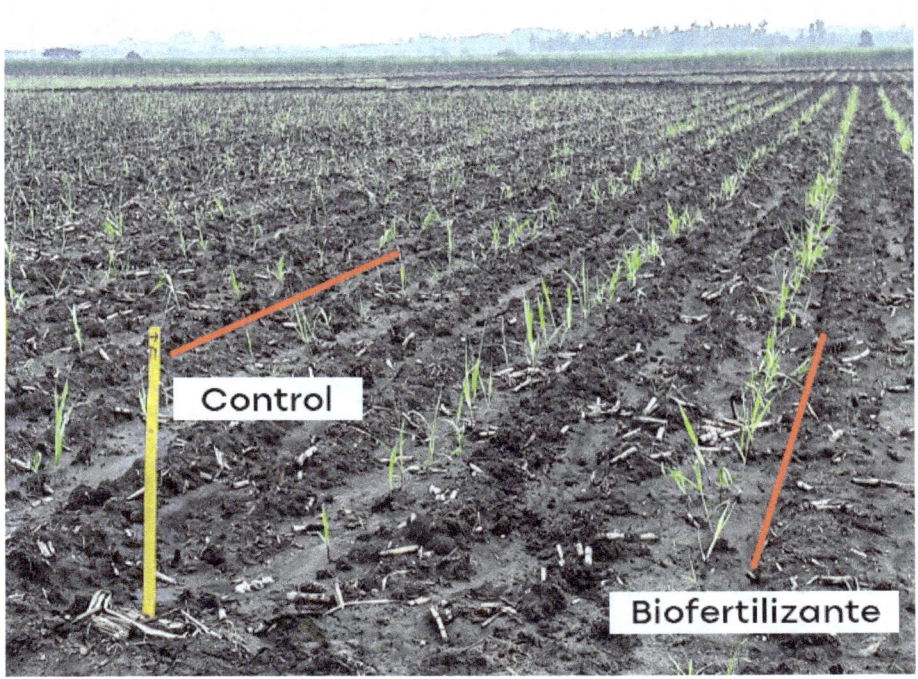

Los resultados obtenidos revelaron que las plantas tratadas con el biofertilizante crecieron 62% más rápido en comparación con las plantas que no recibieron el tratamiento. Además, se observó un aumento del 24% en la cantidad de plantas en los surcos tratados, y solo se registró una despoblación del 0,33%. Esto significa que en estos surcos tratados solo fue necesario volver a sembrar un promedio de 0,33 plantas por cada 10 metros lineales.

En contraste, en los surcos no tratados se registró una despoblación del 2,67%, lo que implica que fue necesario resembrar aproximadamente 2,67 plantas por cada 10 metros lineales. Estos resultados son altamente significativos, ya que demuestran claramente los beneficios del uso del biofertilizante en el crecimiento y desarrollo de las plantas.

El tratamiento con el biofertilizante no solo promovió un crecimiento más rápido, sino que también tuvo un efecto positivo en la densidad de plantas y redujo la necesidad de resembrar en comparación con los surcos no tratados.

En esta fotografía se puede observar claramente que la estimulación de las raíces se mantuvo constante a lo largo de todo el ciclo del cultivo con respecto al control. Las raíces aparecen sanas, fuertes y bien desarrolladas.

Resultados en producción

Biofertilizante

Control

El hecho de que la estimulación de las raíces se mantenga durante todo el ciclo del cultivo es fundamental, ya que asegura un adecuado crecimiento y absorción de nutrientes por parte de las plantas. Esto a su vez contribuye a un mejor desarrollo vegetativo, una mayor resistencia a enfermedades, estrés, y en última instancia a un mayor rendimiento y calidad en la cosecha.

Durante este estudio, se observó un aumento significativo en la productividad del cultivo. Se registró un incremento del 7,7% en la cantidad de toneladas de caña por hectárea, lo cual indica una mayor producción. Además, se obtuvo un aumento del 6,1% en el rendimiento o concentración de azúcar por tonelada de caña. Esto significa que se logró una mayor eficiencia en la extracción de azúcar de la caña, lo que resulta en un producto final de mayor calidad y valor. La disponibilidad de nutrientes es esencial para el crecimiento de las plantas, gracias a los microorganismos presentes en el biofertilizante utilizado en los cultivos de caña de azúcar, hemos logrado reducir en un 20% el uso de fertilizantes nitrogenados. Estos microorganismos también han demostrado su habilidad para solubilizar el fósforo presente en el suelo. El proceso de solubilización de fósforo fue llevado a cabo por bacterias presentes en el biofertilizante. Estas bacterias tienen la capacidad de convertir el fósforo en formas asimilables por las plantas, lo que significa que las plantas pueden absorber y utilizar más eficientemente este importante nutriente.

Con el biofertilizante para la caña de azúcar, hicimos un trabajo de investigación denominado: *Demostración de la solubilización del fósforo por bacterias en suelos cultivados con caña de azúcar en el valle geográfico del rio cauca, Colombia* y fue presentado en el congreso de Tecnicaña en septiembre de 2015.

Para llevar a cabo este estudio, se seleccionaron 6 fincas ubicadas en la zona productora de caña de azúcar del norte del valle del cauca. Se realizaron análisis de suelo en el laboratorio de Cenicaña como punto de partida, luego se aplicó el biofertilizante al inicio de cada ciclo de producción, durante 4 ciclos consecutivos. Al finalizar este tiempo, se realizaron nuevos análisis de suelo en Cenicaña para evaluar los cambios en los niveles de fósforo disponible en los los suelos tratados con el biofertilizante.

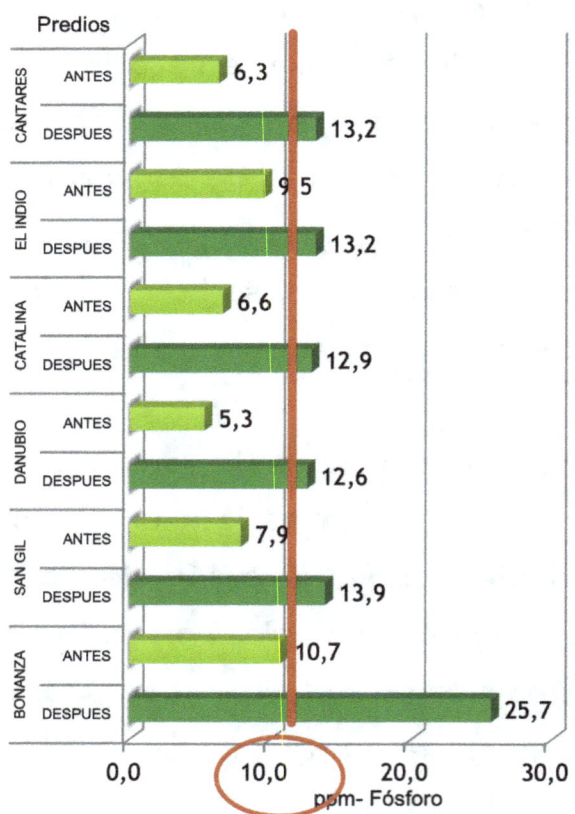

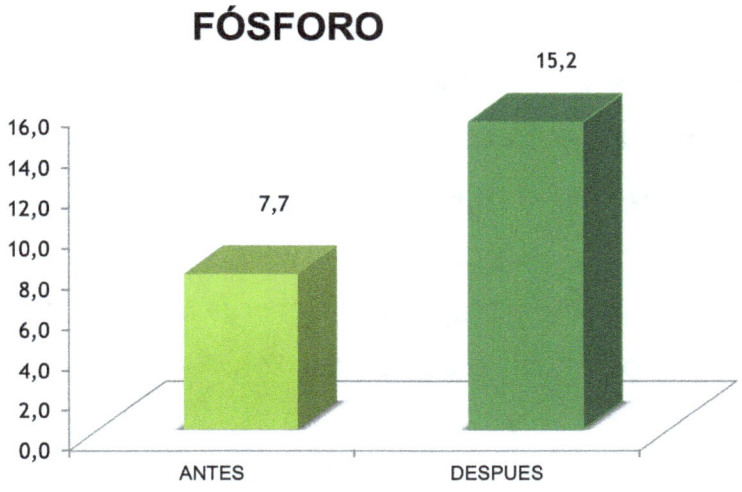

97 % más de P disponible .

FÓSFORO

Los resultados obtenidos fueron sorprendentes. Se observó un aumento promedio del 97% en los niveles de fósforo disponible en los suelos tratados con el biofertilizante en comparación con los suelos no tratados. Además, todos los suelos de estudio superaron el límite de 10 ppm establecido por Cenicaña, lo cual indica que no se necesitaba aplicar más fósforo al suelo.

Estos hallazgos demuestran el impacto positivo del biofertilizante en la disponibilidad de fósforo en los suelos de cultivo de caña de azúcar. El biofertilizante ayudó a incrementar los niveles de fósforo de manera significativa, lo cual tiene efecto benéfico en el crecimiento y rendimiento de los cultivos.

El uso del biofertilizante ha demostrado beneficios significativos en diversos aspectos:

- **Ahorro en el control de malezas:** Gracias al crecimiento acelerado de las plantas un 62% más, se ha logrado reducir la necesidad de un control de malezas durante el ciclo del cultivo de caña.

- **Reducción en los costos de resiembras:** Tradicionalmente, se resiembra entre un 8% y un 10% de los lotes sembrados. Sin embargo, gracias al biofertilizante, se ha eliminado la necesidad de resiembras, lo que es un ahorro significativo en costos.

- **Ahorro en la fertilización:** La estimulación del crecimiento de las plantas mediante el biofertilizante ha llevado a una disminución en la necesidad de aplicar fertilizantes. Se ha logrado reducir el uso de urea en un 20% y en muchos lotes ya no es necesario aplicar fósforo, lo que se traduce en ahorros económicos en el manejo de la fertilización.

Estos resultados demuestran claramente los beneficios económicos y ambientales del uso del biofertilizante en la agricultura, proporcionando ahorros significativos en el control de malezas, resiembras y fertilización, al tiempo que promueve un crecimiento saludable y sostenible de las plantas.

Manejo sostenible de plagas y enfermedades

El manejo de plagas y enfermedades en los cultivos es uno de los retos más grandes que tienen los agricultores. Sin embargo, es importante destacar que muchos de estos problemas son el resultado de la perdida de equilibrio natural del ecosistema en el cultivo.

La salud de las plantas está estrechamente ligada a la salud del suelo. Un suelo saludable, con nutrientes adecuados y con amplia diversidad microbiana, puede fortalecer la resistencia de las plantas y prevenir la aparición de plagas y enfermedades. Cuando las plantas tienen un equilibrio nutricional y crecen en un entorno equilibrado, son menos propensas a ser afectadas por plagas y enfermedades. Es fundamental mantener la salud del suelo y promover prácticas agrícolas sostenibles que fomenten la biodiversidad y el equilibrio natural en los cultivos.

Para promover la salud del suelo y reducir la incidencia de plagas y enfermedades en los cultivos, es esencial realizar un análisis exhaustivo de los problemas específicos que enfrentamos y comprender las causas.

A lo largo de mi carrera profesional, he adquirido experiencia en el manejo de diversas enfermedades y plagas que afectan a los cultivos. Durante mi trabajo, he prestado especial atención al entorno en el que se presentan estas problemáticas, analizando cuidadosamente los factores que favorecen su aparición

En el caso de la pudrición en el aguacate, la llaga en el café, el moko y la sigatoka en el plátano, he estudiado detalladamente las condiciones ambientales y agronómicas que propician su desarrollo. Esto me ha permitido implementar estrategias de manejo y control específicas para cada enfermedad, teniendo en cuenta su ciclo de vida, los factores de dispersión y las medidas preventivas adecuadas. De esta manera, he logrado proteger los cultivos de manera efectiva y sostenible.

Asimismo, he enfrentado plagas como la broca del café, el picudo negro en el plátano, el picudo de los cítricos y el gusano cabrito en el plátano. En cada caso, he investigado las características de estas plagas y sus hábitos de vida, con base en este conocimiento he implementado estrategias de monitoreo, trampas y control biológico, utilizando organismos beneficiosos como hongos entomopatógenos o productos biológicos específicos.

Manejo sostenible de enfermedades

La llaga del café

La enfermedad conocida como la "llaga del café" es causada por el hongo *Ceratocystis fimbriata*. Este hongo es comúnmente encontrado en el suelo, pero puede ingresar a la planta a través de heridas en cualquier parte de la misma. La enfermedad se caracteriza por el marchitamiento de las hojas, seguido de la muerte de toda la planta. Esta enfermedad también puede afectar cultivos como frutales, cacao, guamos y caucho.

Así se ve el cultivo afectado

Cafetal afectado por la llaga del café

Tronco de café afectado por el hongo

El primer paso en el tratamiento de esta enfermedad fue hacer un recuento de las poblaciones microbianas del suelo mostrado en la tabla a continuación, para comprender estos análisis enlistaremos algunos puntos importantes:

- UFC/g significa unidades formadoras de colonia por gramos, una colonia es la manera en que se presentan los microrganismos en una placa de Petri con agar de crecimiento, cada colonia es iniciada por una sola bacteria, por esto la unidad de medida hace referencia a "unidades formadoras de colonia".

- Las muestras son diluidas seriadamente de 10 en 10 hasta, por esto se representan como un número multiplicado por 10 con exponencial.

- El numero del exponencial del 10 es la dilución máxima en la que se presentó crecimiento bacteriano, es decir, de todas las diluciones realizadas y sembradas se cuenta la más diluida que presentó crecimiento y el número de dilución de esa muestra es el que se pone en el exponencial.

- El número que se da en la multiplicación representa la cantidad de colonias crecidas en esa caja de Petri seleccionada en el punto anterior.

Recuentos microbiológicos	Resultados
Recuento de hongos	47×10^2 UFC / g
Recuento de actinomycetes	600 UFC / g
Recuento de bacterias mesófilas aeróbicas	59×10^2 UFC / g

Al analizar los resultados del recuento, se hizo evidente en primera instancia una baja población microbiana. Un suelo con buenas condiciones microbianas, cuenta con recuentos mayores a 10^6 en todos los grupos microbianos, según las condiciones climáticas y de humedad de la zona geográfica, estas poblaciones pueden tener mayor cantidad de bacterias o de hongos.

En segundo lugar los hongos y bacterias están casi en la misma proporción, esto da lugar a que una vez se ha establecido la plaga no hay forma de que las bacterias controlen su crecimiento dado que los hongos producen sustancias para mantener controlado el crecimiento bacteriano.

Los actinomycetes, son la población microbiana más baja en este suelo, ellos producen sustancias que controlan el crecimiento tanto bacteriano como fúngico, por ende su baja población está generando que haya una alta proliferación del hongo responsable de la enfermedad. Para controlar esta y restablecer el equilibrio del suelo en el cultivo, se llevaron a cabo los siguientes pasos:

- **Suspensión de fungicidas:** Se dejó de aplicar fungicidas en la finca, ya que los hongos patógenos desarrollan resistencia a estos productos. Además, los fungicidas afectan a las poblaciones benéficas del suelo, causando más daño al cultivo.

- **Eliminación de plantas enfermas:** Se procedió a eliminar todas las plantas que presentaban signos de enfermedad. Esto ayuda a reducir la propagación de la enfermedad y a eliminar posibles focos de infección.

- **Desinfección de focos:** Se realizó la desinfección de los focos donde se encontraban las plantas enfermas. Esto ayuda a eliminar los patógenos presentes en esas áreas y evitar su dispersión.

- **Inoculación de bacterias:** Se preparó un biofertilizante con bacterias promotoras de crecimiento vegetal, fijadoras de nitrógeno y solubilizadoras de fósforo de los cultivos de café. Las bacterias tienen un crecimiento rápido y compiten con los hongos patógenos, ocupando su espacio y limitando su desarrollo.

- **Aplicación de pulpa de café fresca:** Se aplicó pulpa de café fresca en el suelo. Esta pulpa favorece el crecimiento de bacterias, ya que les proporciona nutrientes y condiciones favorables para su desarrollo.

Con estos pasos, se controló la enfermedad y se restableció el equilibrio del suelo, promoviendo la presencia de microorganismos que ayudaron a proteger las plantas y mejorar su salud.

Plantaciones de café con la llaga controlada

Moko

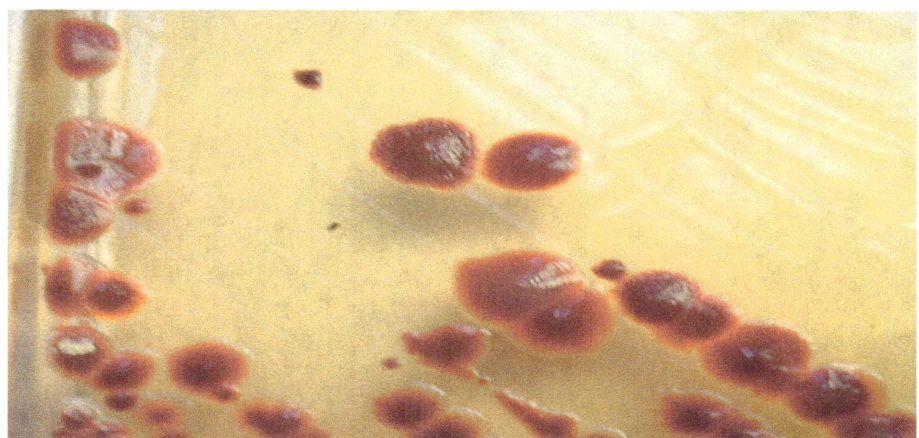

El moko es causado por la bacteria *Ralstonia solanacearum*, que afecta a los cultivos de plátano, heliconias, papa, tabaco, y tomate. Esta bacteria provoca daño sistémico en la planta que la lleva a la marchites general y posteriormente a la muerte. Además, el moko se caracteriza por tener una alta capacidad de diseminación, lo que dificulta su control.

En muchos casos, las entidades gubernamentales optan por la erradicación de los cultivos afectados como medida de control para prevenir la propagación de la enfermedad a otras áreas. Esta medida drástica causa un gran daño económico a los productores.

Cultivo de heliconia afectados por moko

Con el fin de entender el desequilibrio microbiológico que conduce a la proliferación de la bacteria *Ralstonia solanacearum* en los cultivos de plátano y heliconias en el eje cafetero de Colombia, realizamos recuentos de las poblaciones microbianas de los suelos afectados y los no afectados por la enfermedad.

Análisis de las poblaciones microbianas

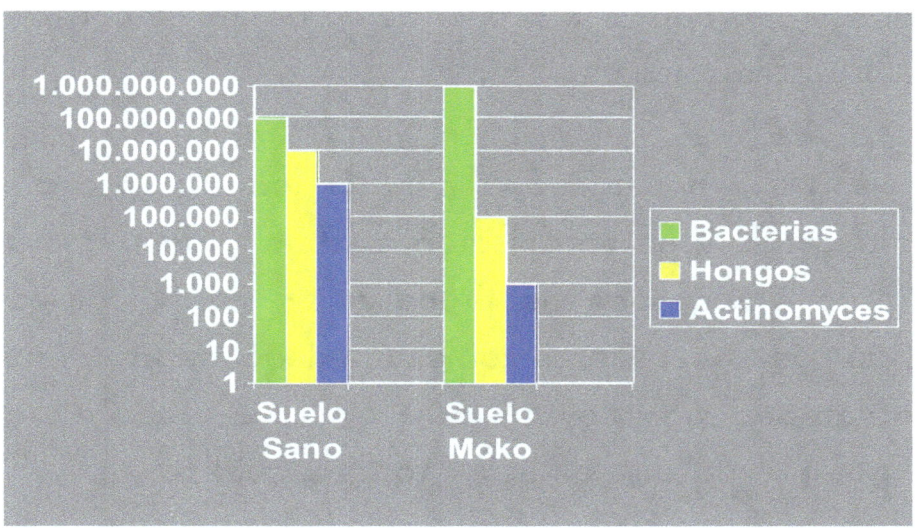

Los análisis microbiológicos revelaron un desequilibrio en el suelo de las plantaciones afectadas por el moko en comparación con el suelo sano. Se observó que las poblaciones bacterianas estaban predominantemente elevadas, mientras que las poblaciones de hongos y actinomicetos estaban significativamente disminuidas en comparación con el suelo saludable.

Este desequilibrio microbiológico favorece la proliferación de la bacteria *Ralstonia solanacearum* y contribuye a la incidencia de la enfermedad. Con estos resultados, pudimos tomar medidas correctivas para restablecer el equilibrio microbiológico adecuado en el suelo y reducir la propagación del moko con los siguientes pasos:

- En primer lugar se eliminaron todas las plantas afectadas y se embolsaron adecuadamente para reducir los riesgos de propagación en el cultivo. Además, se realizaron zanjas alrededor de las áreas afectadas para evitar que el agua arrastre la bacteria y la disemine por todo el cultivo.

Destrucción de las plantas afectadas por el moko

Se redujo la población de la bacteria *Ralstonia solanacearum*, mediante el uso de un desinfectante adecuado. Previo a su aplicación en campo, se realizaron pruebas en laboratorio para determinar la dosis, el tipo de desinfectante y el tiempo de acción.

Estas pruebas consistieron en tomar trozos contaminados por la bacteria, someterlos a las sustancias desinfectantes y analizar mediante recuentos la presencia de las bacterias en cada uno en un periodo de tiempo determinado.

Pruebas de desinfectante para eliminar la bacteria *Ralstonia solanacearum*

La conclusión fue una mezcla de desinfectantes a base de cloro, por un periodo de 20 minutos. Con esto en mente en el campo se procedió de dos maneras diferentes. Las plantas que presentaban una menor afectación por la bacteria, fueron desinfectadas directamente a través de una inyección en el pseudotallo con el objetivo de eliminar las bacterias presentes en el sistema vascular y también se desinfectaron las raíces mediante la irrigación del desinfectante.

Desinfección de plantas

Después de realizar la desinfección, se procedió a la repoblación de actinomicetos y hongos benéficos en las áreas afectadas. Estos microorganismos desempeñan un papel importante en el equilibrio del suelo, ya que producen sustancias como los antibióticos que ayudan a controlar el crecimiento excesivo de bacterias. Además, se agregaron materiales orgánicos ricos en celulosa, los cuales favorecen el crecimiento de hongos y actinomicetos en el suelo. Esta estrategia contribuyó a restablecer el equilibrio microbiológico, promoviendo un ambiente más favorable para el cultivo y reduciendo la incidencia de la enfermedad.

Cultivo de heliconia y plátano libre de moko

Sigatoka negra

La Sigatoka negra es una enfermedad grave que afecta a los cultivos de plátano y banano. Es causada por un hongo llamado *Mycosphaerella fijiensis*, que destruye las hojas de la planta y dificulta la fotosíntesis, que es vital para su crecimiento. Esta enfermedad está presente en todo el mundo en variedades de plátano y banano.

Para controlar la Sigatoka negra, se suelen utilizar fungicidas químicos y realizar cortes en las hojas afectadas. Sin embargo, estos métodos no son muy efectivos. Además, los fungicidas son tóxicos para los seres humanos y dañan la diversidad de microorganismos en el suelo. Al eliminar los hongos naturales en el suelo, la planta se debilita y se vuelve más vulnerable a plagas como picudos, nematodos y bacterias. El manejo mecánico, como hacer cortes en las hojas, también reduce la capacidad de la planta para realizar la fotosíntesis, lo que disminuye su productividad.

Estos métodos de control tienen un alto costo, representando aproximadamente el 45% de la producción, y tienden a aumentar con el tiempo debido a que el hongo desarrolla resistencia a los fungicidas, lo que requiere más aplicaciones.

En resumen, el control de la Sigatoka negra en los cultivos de plátano y banano mediante el uso de fungicidas químicos y manejo mecánico no es efectivo, además de tener impactos negativos en la salud humana y la diversidad del suelo, y representa un alto costo económico.

Por esta razón, se buscó implementar un manejo sostenible mediante la selección de microorganismos que puedan controlar de manera eficaz al hongo *Mycosphaerella fijiensis*, y otros que fortalezcan el sistema de defensa natural de las plantas.

El biofertilizante que se fabricó para el control de la sigatoka, está compuesto por microorganismos nativos de las hojas de las musáceas (plátano y banano) y fitohormonas producidos por ellos que estimulan el desarrollo vegetal y los mecanismos de defensa de las plantas, acompañados de sustancias naturales quelatantes y nutrientes.

Este producto funciona como un bioprotector, puesto que, las hojas aumentan su espesor en más del 30% (tal como se observa en la microfotografía) y forman una película platinada en el envés, lo cual no permite la adherencia de esporas de los hongos del género *Mycosphaerella*, en las hojas de la planta.

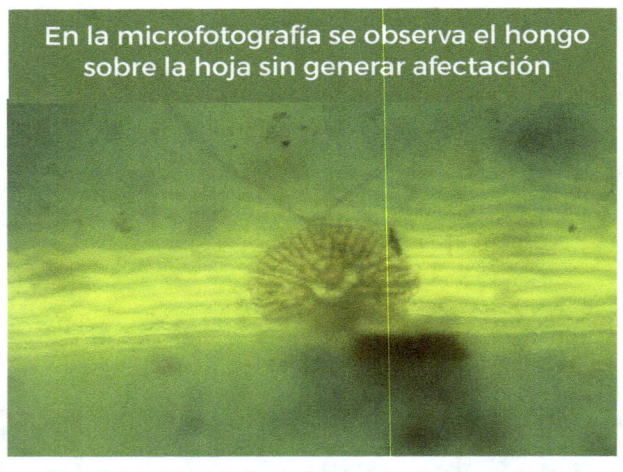

En la microfotografía se observa el hongo sobre la hoja sin generar afectación

Biofertilizante

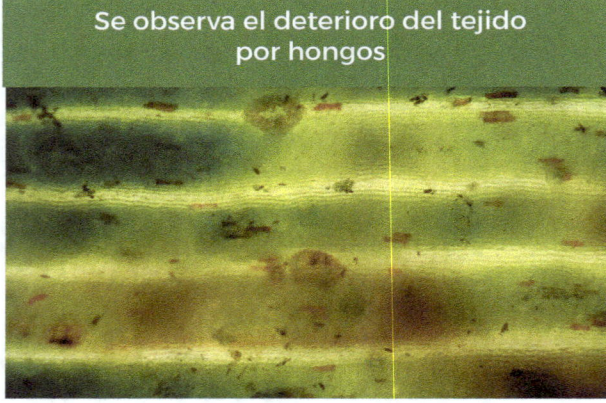

Se observa el deterioro del tejido por hongos

Control

Plantaciones de plátano completamente recuperada

El control de la Sigatoka fue exitoso, como se puede observar en las microfotografías. Sin embargo, es importante destacar que además del producto utilizado, se implementaron varios cambios en el manejo de los cultivos. Estos cambios incluyeron el uso de cobertura en el suelo, la suspensión de la aplicación de fungicidas, herbicidas y pesticidas, es decir, se evitó el uso de productos que pudieran tener un impacto negativo en el ecosistema. Estos cambios en el manejo agrícola tuvieron un papel fundamental en el control de la enfermedad. Al evitar el uso de sustancias tóxicas, se permitió que los organismos benéficos del suelo, como los hongos y las bacterias, pudieran desarrollarse y desempeñar su papel natural en el control de patógenos. Además, la cobertura en el suelo ayudó a conservar la humedad y a mantener un ambiente favorable para el desarrollo de la planta, lo que fortaleció su resistencia a la Sigatoka.

Es importante resaltar que este enfoque de manejo sostenible no solo beneficia el control de la Sigatoka, sino que también promueve la salud del suelo, protege la biodiversidad y contribuye a la producción de alimentos más saludables y respetuosos con el medio ambiente.

Manejo sostenible de plagas

Respecto al manejo de plagas en campo es fundamental comprender que el enfoque biológico difiere del enfoque químico. A diferencia del manejo químico, donde se presenta la muerte instantánea de la plaga, en el manejo biológico lo que se busca es la disminución de la incidencia de las plagas, ya que el agente causal hace parte del ecosistema y su eliminación causa un desequilibrio ambiental.

Por otra parte, la no visualización del agente causal muerto se debe a que cuando los insectos enferman por la acción de los agentes biológicos utilizados, tienden a buscar refugio para morir. Por lo tanto, se observa una reducción en la presencia de la plaga, lo cual indica que el manejo biológico está siendo efectivo, más no se encontrará al insecto muerto en gran cantidad sobre la superficie. Es importante tener en cuenta esta diferencia y no esperar una eliminación total de las plagas, sino un control más equilibrado y sostenible a largo plazo.

Picudo de los cítricos
Compsus sp

El picudo de los cítricos conocido científicamente como *Compsus sp* (coleóptera: *curculionidae*), que se alimenta de las raíces, hojas, flores y frutos de las plantas, lo que puede causar graves daños. Además, sus lesiones en la planta pueden facilitar la entrada de microorganismos patógenos, lo que aumenta el riesgo de enfermedades. Es importante controlar esta plaga de manera adecuada para proteger los cultivos de cítricos y prevenir pérdidas en la producción.

Realizamos diversas pruebas en el laboratorio para encontrar una solución efectiva al control de la plaga *Compsus sp*. Después de evaluar diferentes hongos entomopatógenos, encontramos que *Beauveria bassiana* mostró la mayor capacidad para controlar esta plaga en particular. Este hongo ofrece una opción prometedora para combatir *Compsus sp* de manera eficaz y sostenible, proporcionando una alternativa biológica.

Picudos afectados por el hongo *Beauveria bassiana* en el laboratorio

Desarrollamos un biofertilizante líquido utilizando la cepa seleccionada de *Beauveria bassiana* para el control del picudo. Este biofertilizante contiene los bioactivos producidos por el hongo, así como el micelio y las esporas. Además, se enriqueció con nutrientes esenciales para el crecimiento y desarrollo del hongo y la planta. Esta formulación permite lograr un control más rápido y efectivo de la plaga, ya que no es necesario esperar a que el hongo se reproduzca en el campo para que comience a actuar.

Aplicación del hongo

Control en campo

Picudos afectados por el hongo *Beauveria bassiana* en campo

Control de gusano cabrito del plátano

El gusano cabrito o **_Opsiphanes tamarindi_**, es una plaga que causa daños en las hojas de plátano. Posteriormente, se transforma en una mariposa de color café claro, con aproximadamente 72 mm de envergadura, y presenta manchas amarillas que forman una marca en forma de "Y" en las alas anteriores. La mariposa deposita sus huevos en las partes secas de las hojas y los plátanos maduros dejados en el campo, en un período de 7 a 15 días, los huevos se convierten en pupas.

Durante esta etapa, el gusano se alimenta de las hojas, causando daño significativo. Los ataques pueden ser tan fuertes que en una sola noche pueden consumir una hoja completa de plátano. Es importante estar atentos a la presencia de esta plaga y tomar medidas para su control y protección de los cultivos.

Plantaciones de plátano afectados por el gusano cabrito

Para controlar el gusano cabrito en los cultivos de plátano se implementaron diversas estrategias. En primer lugar, se utilizaron trampas para evitar que las mariposas depositaran sus huevos en las hojas de plátano. Estas trampas actúan como señuelos y atraen a las mariposas, impidiendo que pongan sus huevos en los cultivos.

Además, se aplicó un biofertilizante que contenía cepas del *Bacillus thuringiensis*. Este biofertilizante es efectivo en el control del gusano cabrito, ya que las cepas de *Bacillus thuringiensis* producen una proteína tóxica para las larvas de insectos, incluyendo el gusano cabrito. Al ser aplicado en el cultivo, el biofertilizante infecta a las larvas y las elimina, ayudando a controlar la plaga.

Gusano cabrito afectado por el bacilo

Trampas para las mariposas 1

Trampas para las mariposas 2

La combinación de trampas y el uso de biofertilizantes con cepas de *Bacillus thuringiensis* demostró ser una estrategia efectiva en el control del gusano cabrito, contribuyendo a la protección del cultivo y reduciendo los daños ocasionados por esta plaga.

Reflexión final

Con todos los ejemplos anteriores, queda demostrado que es posible cultivar de manera sostenible sin afectar el medio ambiente y producir alimentos saludables. Es importante reflexionar sobre el hecho de que el suelo no nos pertenece, sino que pertenece a las futuras generaciones. Nosotros solo somos usuarios temporales de este recurso vital. Por lo tanto, es nuestra responsabilidad cuidar el suelo y garantizar su salud para asegurar la alimentación de las generaciones venideras.

La agricultura sostenible nos permite producir alimentos saludables, preserva la fertilidad del suelo, promueve la biodiversidad, conserva los recursos hídricos y reduce el impacto negativo en el medio ambiente. Al adoptar prácticas agrícolas respetuosas con el suelo y el ecosistema, estamos asegurando un futuro más próspero y sostenible para las próximas generaciones.

Es fundamental comprender que nuestras acciones presentes tienen consecuencias a largo plazo. Por tal razón debemos tomar decisiones informadas y responsables en cuanto al manejo del suelo y la producción de alimentos. Al hacerlo, estaremos protegiendo la salud de nuestro planeta y garantizando la seguridad alimentaria de las futuras generaciones.

Referencias

Altieri, M. Nicholls, Clara I. año. 2000. Teoría y práctica para la agricultura sostenible. México D.F. México. Programa de las Naciones Unidad para el Medio Ambiente.

ARANGO, L.G. y CÁRDENAS, M.R. 1989. Manejo de problemas fitosanitarios en el establecimiento de plataneras. pp. 91-99. En: Manual sobre el cultivo del plátano. Federación Nacional de Cafeteros de Colombia, Manizales.

Blasco, Mario. Burbano, Hernán. 2015. La vida en el Suelo. Impresos la Castellana. Pasto Colombia.

Baca, Beatriz. Urzúa, Lucía. Pardo, Ma. 2000. FIJACIÓN BIOLÓGICA DE NITRÓGENO. Elementos: Ciencia y cultura, julio-agosto, año/vol. 8 páginas. https://www.redalyc.org/pdf/294/29403808.pdf.

Belalcázar, S. et al 1991. Manejo Integrado de Plagas. El Cultivo del plátano en el trópico. Inibap, ICA, CIID, Comité Departamental de Cafeteros del Quindío. 376 p.

Beltrán Pineda Mayra Eleonora, 2014. La solubilización de fosfatos como estrategia microbiana para promover el crecimiento vegetal. Corpoica Ciencia Tecnología Agropecuaria. 2014 15(1). Páginas 101-113.

Bolaños B., F. Aranzazu, L. D. Celis, H. Morales, L.E. Zuluaga, 2002, Fertilización e incidencia de Sigatoka Negra (Mycosphaerella fijiensis morelet) en plátano dominico-hartón (MUSA AAB) en Armenia, Colombia.

Carlier,J., Waele D.D., y Vincent. J., 2002. Evaluación global de la resistencia de los bananos al marchitamiento por Fusarium, enfermedades de las manchas foliares causadas por Myscosphaerella y nematodos. INIBAP.

CHALELA, G. 1986. Universidad Industrial de Santander, Bucaramanga (Colombia). Facultad de Ciencias. Tesis (Ms.c. Recursos Naturales). Introducción a la microbiología del suelo (métodos y técnicas). Bucaramanga (Colombia). 199p.

Espinosa-Victoria David y Paredes Mendoza Marianela. 2011. Ácidos orgánicos producidos por rizobacterias que solubilizan fosfatos: Una revisión crítica. Terra Latinoamericana, vol. 28, núm. 1, enero-marzo. Fernández Cristian. 2014. El fósforo se acaba. Newsletter EcoAvant. com.

GRANADA CHAPARRO, G.A. 2001. El Moko del Plátano en el Departamento del Quindío. Memorias Seminario – Taller. Manejo Integrado de Sigatoka, Moko y Picudo Negro del Plátano, en el Eje Cafetero. Armenia. Quindío. 36p.

Lara C, Esquivel Avila LM, Negrete Peñata, JL. Bacterias nativas solubilizadores de fosfatos para incrementar los cultivos en el departamento de Córdoba- Colombia. Rev Bio Agro. 2011; 9(2):114-20.

Laich, Federico. 2011. El papel de los microorganismos en el proceso de compostaje Instituto Canario de Investigaciones Agrarias. https://www.fermojica.com/he/media/microorg.pdf.

Orozcos-Santos M., farías larios. J. Manzo. Sánchez. G y gúzman. González. S, 2001. La sigatoka negra (Mycosphaerella fijiensis Morelet) in México. Infomusa, La revista internacional sobre banano y plátano vol 10 (1): 33p

Paredes Mendoza Marianela. 2010. Aislamiento y caracterización bioquímica de metabolitos producidos por rizobacterias que solubilizan fosfatos. Tesis Doctora en Ciencia. Colegios de Posgraduados. Montecillo, Texcoco, Edo. De México.

Peña C Wagner. 2013. Dosificación de Fertilizantes. Universidad Estatal a Distancia. Costa Rica.

Primavesi, Ana. 2009. SUELO TROPICAL. Instituto Universitario Latinoamericano de Agroecología Paulo Freire https://anamariaprimavesi.com.br/wp-content/uploads/2022/04/El-Suelo-Tropical-Primavesi-Version-Final-marzo2011.pdf

Primavesi, Ana. 2009. CARTILLA DEL SUELO https://anamariaprimavesi.com.br/wp-content/uploads/2022/11/Cartilla-del-suelo-Como-reconocer-y-sanar-sus-problemas.pdf. Primavesi, Ana. MANEJO ECOLOGICO DE SUELOS. https://anamariaprimavesi.com.br/wp-content/uploads/2020/01/Manejo-ecológico-del-suelo.pdf

Roland von Bothmer, Oscar Díaz Carrasco, Torbjörn Fagerström, Stefan Jansson, Fernando Ortega-Klose, Rodomiro Ortiz & Miguel Ángel Sánchez. 2022. Más allá de los OGM, ciencia y fitomejoramiento para una agricultura sostenible. 204 p. Chile. Imprenta América Osorno.

ROJAS GONZALEZ, S. 1992. Supervivencia de la bacteria Pseudomona solanacearum E.F. Smith en el suelo bajo diferentes manejos. En: Instituto Colombiano Agropecuario, Florencia (Colombia). Resúmenes de investigaciones en el piedemonte amazónico. Florencia (Colombia), ICA. p.5.

Sánchez de Prager, Marina; Marmolejo de la Torre, Fernando; Bravo Otero, Nelson. 2001. Microbiología: aspectos fundamentales. Feriva S.A. Cali. Colombia.

Tasistro Armando. 2015 seminario Aspectos básicos del manejo del fósforo". International Plant Nutrition Institute (IPNI). México. https://www.youtube.com/watch?v=pAVZziWMZA4

Luz Yanet Rivera Puentes
Bacterióloga - MSc. Microbiología
CEO Biointegrados